职业教育创新教材

电工技术基础与技能
（电气电力类）

赵 杰 孙永旺 主 编
张文建 副主编

電子工業出版社
Publishing House of Electronics Industry
北京·BEIJING

内 容 简 介

本书以教育部颁布的高等职业教育《电工技术基础与技能》教学大纲为依据，整合了电工基础、电工仪器仪表的基础知识和基础技能，突出培养模式的改革，旨在培养学生的综合素质和职业能力。全书包括：二极管及其应用、基本直流电表、过流保护电路、交流电路基本参数、RLC 电路、三相交流电路、照明电路七个学习领域，每个领域又由多个项目组成，项目中以工作流程为线索展开。

本书是电工电子技术类专业系列教材之一，是电工电子技术类专业专业基础教材，也可作为电工电子高、中级工认证培训教材。

未经许可，不得以任何方式复制或抄袭本书之部分或全部内容。
版权所有，侵权必究。

图书在版编目（CIP）数据

电工技术基础与技能：电气电力类 / 赵杰，孙永旺主编. —北京：电子工业出版社，2015.10
职业教育创新教材
ISBN 978-7-121-22350-1

Ⅰ.①电… Ⅱ.①赵… ②孙… Ⅲ.①电工技术—高等职业教育—教材 Ⅳ.①TM

中国版本图书馆 CIP 数据核字（2014）第 005846 号

策划编辑：施玉新
责任编辑：郝黎明
印　　刷：三河市鑫金马印装有限公司
装　　订：三河市鑫金马印装有限公司
出版发行：电子工业出版社
　　　　　北京市海淀区万寿路 173 信箱　邮编　100036
开　　本：787×1 092　1/16　印张：11.5　字数：294.4 千字
版　　次：2015 年 10 月第 1 版
印　　次：2015 年 10 月第 1 次印刷
定　　价：28.00 元

凡所购买电子工业出版社图书有缺损问题，请向购买书店调换。若书店售缺，请与本社发行部联系，联系及邮购电话：（010）88254888。
质量投诉请发邮件至 zlts@phei.com.cn，盗版侵权举报请发邮件至 dbqq@phei.com.cn。
服务热线：（010）88258888。

前　言

本门课程是中等职业学校电类专业的一门基础课程。其任务是使学生掌握电气电力类专业必备的电工技术基础知识和基本技能，具备分析和解决生产生活中一般电工问题的能力，具备学习后续电类专业技能课程的能力；并对学生进行职业意识培养和职业道德教育，提高学生的综合素质与职业能力，增强学生适应职业变化的能力，为学生职业生涯的发展奠定基础。具体来说，通过本课程的学习，学生将学会观察、分析与解释电的基本现象，理解电路的基本概念、基本定律和定理，了解其在生产生活中的实际应用；会使用常用电工工具与仪器仪表；能识别与检测常用电工元件；能处理电工技术实验与实训中的简单故障；掌握电工技能实训的安全操作规范。通过结合生产生活实际，本课程将帮助读者了解电工技术的认知方法，培养学习的学习兴趣，形成正确的学习方法，有一定的自主学习能力；通过参加电工实践活动，本课程将培养学生运用电工技术知识和工程应用方法解决生产生活中相关实际电工问题的能力；通过强化安全生产、节能环保和产品质量等职业意识，本课程还将促进学生良好的工作方法、工作作风和职业道德的养成。

1. 教材编写的指导思想

2005 年，在国务院颁布的《国务院关于大力发展职业教育的决定》（国发〔2005〕35 号）文件中，明确提出了"推进职业教育办学思想的转变。坚持以服务为宗旨、以就业为导向的职业教育办学方针"。本书的编写将坚持职业教育办学方针，以新的教学大纲为依据，突出实践、突出技能，力求充分发挥教材的导向作用，引导教师和学生改变教和学的观念，让学生在活动过程中学习知识、掌握技能，培养学生的自主性学习、研究性学习能力，培养"创新、创优、创业"能力，培养团队协调能力与终身学习的能力，并适当的融入企业文化教育，让学生逐步形成产品意识与质量意识、安全意识、责任意识、成本意识。

① 本教材的编写将坚持以服务为宗旨、以就业为导向的方针。教育是培养人的崇高的社会公益事业，本质上就要求以人为中心，以学生为中心，一切服务学生，一切为了学生的成长、成才、就业和创业，努力为学生的全面发展创造良好的条件。本教材的编写将立足于职业岗位能力本位，促进职业教育与生产实践、技术推广、社会服务的紧密结合，以满足学生需求、社会期待和岗位需要为目标，实现教学内容与社会需求和岗位需要的零距离对接，为实施"双证书"教育服务，为学生走向社会、实现人生价值和承担社会责任奠定基础。

② 本教材的编写将以新的教学大纲为依据，突出实践、突出技能。本教材的编写将以新大纲的要求为蓝本，以依据大纲而高于大纲为原则，将大纲要求的内容加以整合，并进行适当拓展（不是加深），坚持理实一体，消除理论课、实验课和技能课的界限，突出实践、突出技能。

③ 本教材的编写将充分发挥教材的导向作用，引导教师和学生改变教学观念。本教材的编写将吸收近期出版的相关教改教材的众家之长，努力降低教材使用中的教学成本和授课难度，扩大教材的适用面，以满足不同地区、不同学校和不同学生的需求，从而有效地发挥教材的导向作用，将较为先进的教学思想和教学理念传递给广大教师，引导教师和学生改变教学观念。

④ 本教材的编写将彻底改变理论教学、实验教学和技能训练"三分裂"的局面，让学生在

活动过程中学习知识、掌握技能。在本教材中，将不再出现"分组实验"专栏和"技能训练"专栏，使用本教材也将不再有理论课、实验课和技能课之分，授课老师将集理论课老师、实验课老师和技能课老师于一身，从而完全填平理论课和实验实习课之间的界沟，将理论和实验实习有机地融为一体，更好地突出实践、突出技能。

⑤ 本教材的编写将坚持以学生自主性学习、研究性学习和协作式学习为主的指导思想。在本教材中，所有的章节名称都将以动词短语的形式出现，不同章节中的知识和技能虽将以各自不同的合适方式呈现，但不论是项目式方式、案例式方式还是问题式方式，其任务驱动特色将贯穿始终，自主学习、探究学习和小组协作学习将成为本教材相应学习方式的主旋律。

⑥ 教材的编写将适当融入企业文化教育，让学生逐步形成产品意识与质量意识、安全意识、责任意识、成本意识。本教材虽是专业基础课程，其理论性很强，但在教材中我们仍将尽可能地将能够项目化的教学内容以项目的形式呈现，以期更多地融入企业文化，并通过项目的实施初步培养学生的产品意识和质量意识、安全意识、责任意识、成本意识。

2．教材编写的思路

① 整合。以新版教学大纲为依据，整合大纲所要求的教学内容，将基础模块和选学模块中的知识和技能，按照学生的认知规律进行序化。

② 一体。坚持理论教学、实验教学和技能训练一体化，将理论、实验和技能有机地融为一体，不再出现理论章节后附"分组实验"和"技能训练"现象，避免理论和实验实习教学间的人为分割。

③ 驱动。所有的章节名称都将以动词短语的形式出现，决定了相应的教学内容不再是简单的知识陈述，而是任务驱动式的案例分析、问题探究和项目操作。

④ 微化。一改传统教材章节过于冗长的特点，将章节设计微小化，即缩小教学单元，以适应任务驱动、理实一体课程的特点，方便教学过程的组织、学习过程的考核、学生学习积极性的调动和学生个性差异的有效应对。

⑤ 通俗。对理论知识的描述，力求与学生的实际生活经历相结合，用通俗易懂的生活实例来解释专业知识。

本书在江苏教育科学研究院职业教育和终身教育研究所副所长马成荣研究员、南京信息职业技术学院电子工程学院华永平院长指导下，由扬州高等职业技术学校赵杰、孙永旺、张文建、黄琴、卢艳、吕晶晶、陶忠共同编写，赵杰、孙永旺担任本书主编，并负责了全书的统稿工作。另外，在编写过程中扬州高等职业技术学校的领导、老师给予了大力支持和帮助。在此，谨向各位专家、领导和同事表示衷心的感谢。

由于编者水平有限，加之时间仓促，书中错误与不妥之处在所难免，恳请各位读者批评指正。

编　者

目 录

学习领域一 二极管及其应用 (1)
  项目1 单相整流电路的制作 (1)
    第1步 判别二极管的极性 (1)
    第2步 单相半波整流电路的制作 (8)
    第3步 单相全波整流电路的制作 (10)
    第4步 单相桥式整流电路的制作 (11)
  项目2 三相整流电路的制作 (13)
    第1步 三相半波整流电路的制作 (14)
    第2步 三相桥式整流电路的制作 (15)
  项目3 滤波电路的制作 (18)
    第1步 电容滤波电路的制作 (19)
    第2步 滤波电路的类型及特点 (20)
  项目4 充电器的制作 (21)
    第1步 识读电路 (22)
    第2步 元器件检测 (23)
    第3步 电路的组装调试 (24)

学习领域二 基本直流电表 (28)
  项目1 电流表、电压表的制作 (28)
    第1步 电压表的制作 (28)
    第2步 电流表的制作 (33)
  项目2 万用电表的制作 (41)
    第1步 万用表电路图识读与元器件 (42)
    第2步 万用表的装配与调试 (46)

学习领域三 过电流保护电路 (50)
  项目1 感知磁场磁路 (50)
    第1步 感知磁场 (50)
    第2步 感知磁路的物理量 (54)
    第3步 感知铁磁性材料 (56)
  项目2 过电流保护电路的制作 (62)
    第1步 继电器和干簧管的分析测试 (63)
    第2步 过电流保护电路的制作 (65)

学习领域四 交流电路基本参数 (67)
  项目1 初识交流电路 (67)
    第1步 认识正弦交流电路的基本物理量 (67)
    第2步 认识交流信号的表示方法 (72)

项目 2　纯电阻电路的测试 ··（73）
　　第 1 步　测试纯电阻电路参数 ··（73）
　　第 2 步　观测纯电阻相位关系 ··（75）
项目 3　感性电路的测试 ··（76）
　　第 1 步　体验电磁感应现象 ··（76）
　　第 2 步　简单测试电感器 ···（79）
　　第 3 步　测试感性电路参数 ··（83）
项目 4　容性电路的测试 ··（85）
　　第 1 步　简单测试电容器 ···（85）
　　第 2 步　感知 RC 瞬态过程 ··（91）
　　第 3 步　测试容性电路参数 ··（96）

学习领域五　RLC 电路 ··（99）

项目 1　串联谐振电路的制作 ··（99）
　　第 1 步　测试串联电路 ··（99）
　　第 2 步　测试串联谐振电路 ···（104）
项目 2　并联谐振电路的制作 ··（109）
　　第 1 步　认识非正弦周期波 ···（109）
　　第 2 步　测试电感器与电容的并联谐振电路 ··························（112）

学习领域六　三相交流电路 ···（116）

项目 1　变压器的测试与分析 ··（116）
　　第 1 步　感知互感现象 ··（116）
　　第 2 步　变压器测试与分析 ···（124）
项目 2　三相交流电路的连接 ··（138）
　　第 1 步　三相正弦交流电源的连接 ······································（138）
　　第 2 步　三相负载的连接 ···（143）

学习领域七　照明电路 ···（156）

项目 1　荧光灯的安装 ···（156）
　　第 1 步　常用电工工具及材料使用 ······································（156）
　　第 2 步　荧光灯的安装 ··（164）
　　第 3 步　交流电路的功率 ···（169）
项目 2　配电线路的安装 ··（171）
　　第 1 步　配电板（箱）电路的识读 ······································（172）
　　第 2 步　简易配电板（箱）的安装与测试 ·····························（172）

参考文献 ··（178）

学习领域一 二极管及其应用

领域简介

半导体元器件种类很多，用途也各不相同，它们在电子电路中起着十分重要的作用。最简单的半导体元器件是晶体二极管（简称二极管）。几乎在所有的电子电路中，都要用到半导体二极管，它在许多电路中起着重要的作用，它是诞生最早的半导体元器件之一，其应用也非常广泛。

本领域将重点学习晶体二极管的特性及应用电路。通过学习，深入了解二极管的导电特性及其广泛应用。通过对单相整流电路的制作、三相整流电路的制作、滤波电路的制作，以及充电器的制作提高电路安装、调试和排除故障等能力，为本专业后续学习打下良好的专业理论和操作能力的基础。

项目1 单相整流电路的制作

学习目标

- ◇ 掌握二极管的单向导电性；了解二极管的结构，掌握其电路符号、引脚、伏安特性、主要参数，能在实践中合理使用二极管。
- ◇ 了解硅稳压管、发光二极管、光电二极管、变容二极管等特殊二极管的外形特征、功能和实际应用。
- ◇ 观察整流电路输出电压的波形，掌握整流电路的作用及工作原理。

工作任务

- ◇ 能用万用表判别二极管的极性和质量优劣。
- ◇ 能识读整流电路，会合理选用整流电路元件的参数。
- ◇ 能列举整流电路在电子技术领域的应用。
- ◇ 搭接由整流桥组成的应用电路，会使用整流桥。

第1步 判别二极管的极性

看一看

认识半导体二极管

观察图 1.1.1 所示几种常见二极管的实物外形，可以得出二极管的共性特征：具有两个电极,这两个电极分别称为正极和负极。普通二极管的图形符号如图 1.1.2(b)所示,图中字符"V"为其文字符号。如果将二极管接入电路中会出现哪些特性呢?下面通过二极管单向导电性的测试了解一下。

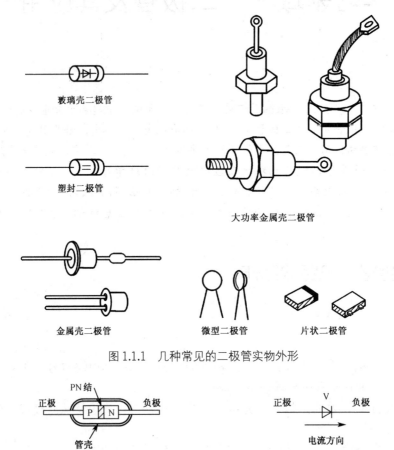

图 1.1.1　几种常见的二极管实物外形

图 1.1.2　普通二极管的结构与符号

体验二极管的单向导电性

1. 电子电路

如图 1.1.3 所示,V 为硅整流二极管(1N4007),R 为 $2\ \text{k}\Omega$ 的电阻,H 为 2.5 W 的小灯泡。

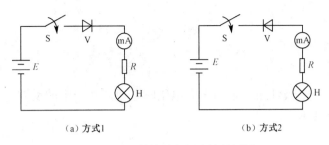

(a) 方式1　　　　　　　　　(b) 方式2

图 1.1.3　二极管单向导电性的测试

2. 仪器仪表工具

0～30 V 可调直流稳压电源 1 台，普通万用表（作为电流表和电压表使用）1 只，镊子 1 把。

3. 制作步骤

（1）识读二极管单向导电性测试电路图。

（2）根据阻值大小和二极管型号正确选择元器件。电阻选择碳膜电阻，色环为红黑红金，代表阻值为 2 kΩ。二极管选择硅整流二极管，标识型号为 1N4007。

（3）电阻、二极管正确成形，注意元器件成形时尺寸应符合万能电路板插孔间距的要求。

（4）在万能电路板上按测试电路图正确连接好元器件，串联上直流电流表，注意电流表的极性。

4. 测试步骤

（1）按上述制作步骤连接好图 1.1.3（a）所示电路，经复查确定连接正确后再通电检测。

（2）调节直流稳压电源，使输出电压为 15 V，通电后灯泡_____（发光/不发光），电流表指针_____（偏转/不偏转），观察电流表的读数，用万用表测量电阻 R 和二极管 V 两端的电压，并记录：$I=$ _____ mA，$U_R=$ _____ V，$U_V=$ _____ V。

（3）保持步骤（2），仅将二极管极性对调，如图 1.1.3（b）所示，通电后灯泡_____（发光/不发光），电流表指针_____（偏转/不偏转），观察电流表的读数，用万用表测量电阻 R 和二极管 V 两端的电压，并记录：$I=$ _____ mA，$U_R=$ _____ V，$U_V=$ _____ V。

5. 综合分析

分析测试步骤，步骤（3）仅仅是在步骤（2）的基础上对调了二极管 V 的极性，但结果说明：当二极管 V 两端电压为正向电压时，灯泡就会发光，此时二极管必将_____（导通/截止）；当二极管 V 两端电压为反向电压时，灯泡就会熄灭，二极管必将_____（导通/截止）。

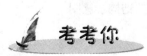

结论：二极管_____（具有/不具有）单向导电性。正向导通时，普通二极管 V 的正向压降约为_____（零点几伏/几点几伏）。

理论和实践证明：二极管加一定的正向电压时导通，加一定的反向电压时截止的导电特性就是二极管的单向导电性。

1. 半导体

半导体是一种具有特殊性质的物质，它不像导体那样能够完全导电，又不像绝缘体那样不能导电，它介于两者之间，所以称为半导体。温度对半导体的导电能力有较大影响，温度升高，半导体的导电能力会迅速增强。根据半导体理论，在半导体中存在两种导电的带电物质：一种是带有负电的自由电子（简称"电子"），另一种是带有正电的空穴（简称"空穴"），它们在外电场作用下都有定向移动的效应，能够运载电荷而形成电流，称为载流子。半导体最重要的两种元素是硅（读"guī"）和锗（读"zhě"）。常说的美国硅谷，就是因为最初那里有很多家半导体厂商而得名的。电子设备中应用广泛的半导体元器件就是由半导体材料制成的。二极管应该算是半导体元器件家族中的元老了。

2. 半导体二极管

不加杂质的纯净半导体称为本征半导体，在本征半导体中两种载流子（电子和空穴）的数量相等。如果纯净半导体中加入微量杂质硼元素，就会使其空穴的数量大于电子的数量，成为空穴型半导体，也称为 P 型半导体。如果纯净半导体中加入微量杂质磷元素，就会使其电子的数量大于空穴的数量，成为电子型半导体，也称为 N 型半导体。如果在半导体的单晶基片上通过特殊工艺加工使其一边形成 P 型区，而另一边形成 N 型区，则在两种半导体的结合部就会出现一个特殊的薄层，称为 PN 结。PN 结具有单向导电性，即如果电源正极接 P 型半导体，负极接 N 型半导体时，PN 结内外电路形成正向电流，这种现象称为 PN 结的正向导通；如果电源的正负电极反过来，即电源正极接 N 型半导体，负极接 P 型半导体时，PN 结内外电路只能形成极小的反向电流，这种现象称为 PN 结的反向截止。

半导体二极管（又称为晶体二极管，简称"二极管"）就是利用 PN 结的单向导电性制造的一种半导体元器件，它是由管芯（主要是 PN 结），从 P 区和 N 区分别焊出的两根金属引线——正、负极，以及塑料、玻璃或金属封装的外壳组成的，图 1.1.2（a）所示为二极管的结构示意图。

1. 二极管具有单向导电性的原因

二极管的核心是 PN 结，因此二极管的单向导电性是由 PN 结的特性所决定的。

在 P 型和 N 型半导体的交界面附近，由于 N 区的自由电子浓度大，于是带负电荷的自由电子会由 N 区向电子浓度低的 P 区扩散，扩散的结果使 PN 结中靠 P 区一侧带负电，靠 N 区一侧带正电，形成由 N 区指向 P 区的电场，即 PN 结内电场。内电场将阻碍多数载流子的继续扩散，又称为阻挡层。

（1）PN 结加正向电压导通。将 PN 结的 P 区接电源正极，N 区接电源负极，此时外加电压对 PN 结产生的电场与 PN 结内电场方向相反，削弱了 PN 结内电场，使多数载流子能顺利通过 PN 结形成正向电流，并随着外加电压的升高迅速增大，即 PN 结加正向电压时处于导通状态。

（2）PN 结加反向电压截止。将 PN 结的 P 区接电源负极，N 区接电源正极，此时外加电压对 PN 结产生的电场与 PN 结内电场方向相同，加强了 PN 结内电场，多数载流子在电场力的作用下难于通过 PN 结，反向电流非常微小，即 PN 结加反向电压时处于截止状态。

2．二极管的伏安特性曲线

二极管的伏安特性曲线是指加在二极管两端的电压 v_D 与流过二极管的电流 i_D 的关系曲线。利用晶体管图示仪能十分方便地测出二极管的正、反向伏安特性曲线，如图 1.1.4 所示。

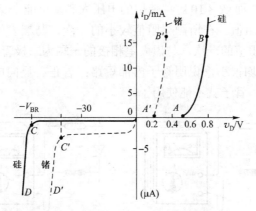

图 1.1.4　二极管的伏安特性曲线

（1）正向特性：正向伏安特性曲线指纵轴右侧部分，它可分为两个区域，各自的特点如下。

① 死区：外加电压较小时，二极管呈现的电阻较大，正向电流几乎为零，曲线 OA 段称为不导通区或者死区。一般硅二极管的死区电压约为 0.5 V，锗二极管约为 0.2 V。

② 正向导通区：正向电压 v_D 超过死区电压时，PN 结内电场几乎被抵消，二极管呈现的电阻很小，正向电流 i_D 增长很快，二极管正向导通。AB 段特性曲线陡直，电压与电流的关系近似于线性，AB 段称为导通区。导通后二极管两端的正向电压称为正向压降，或导通电压。一般硅二极管的导通电压约为 0.7 V，锗二极管约为 0.3 V。

（2）反向特性：反向伏安特性曲线指纵轴左侧部分，它也可分为两个区域，各自的特点如下。

① 反向截止区：当二极管承受反向电压 V_R 时，加强了 PN 的内电场，使二极管呈现很大电阻，此时仅有很小的反向电流 I_R。曲线 OC 段称为反向截止区，此处的 I_R 称为反向饱和电流或反向漏电流。实际应用中，此反向饱和电流值越小越好。一般硅二极管的反向饱和电流在几十微安以下，锗二极管则达几百微安，大功率二极管会稍大些。

② 反向击穿区：当反向电压增大到超过某一值时（图 1.1.4 中 C 点），反向电流急剧加大，这种现象叫反向击穿。CD 段称为反向击穿区，C 点对应的电压就叫反向击穿电压 V_{BR}。击穿后电流过大将会使管子损坏，因此除稳压管外，加在二极管上的反向电压不允许超过击穿电压。

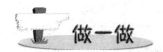

判别二极管的极性

1. 有标记二极管的判别

一般情况下,二极管有色点的一端为正极,如 2AP1～2AP7、2AP11～2AP17 等。如果是透明玻璃壳二极管,可直接看出极性,即内部连触丝的一头是正极,连半导体片的一头是负极。塑封二极管有圆环标志的是负极,如 1N4000 系列。

2. 无标记二极管的判别

可用万用表电阻挡来判别正、负极。根据二极管正向电阻小,反向电阻大的特点,将万用表拨到电阻挡(一般用 $R×100$ 或 $R×1k$ 挡。不要用 $R×1$ 或 $R×10k$ 挡,因为 $R×1$ 挡使用的电流太大,容易烧坏管子,而 $R×10k$ 挡使用的电压太高,可能击穿管子)。用表笔分别与二极管的两极相接,测出两个阻值。在所测得阻值较小的一次,与黑表笔相接的一端为二极管的正极;同理,在所测得较大阻值的一次,与黑表笔相接的一端为二极管的负极,如图 1.1.5 所示。如果测得的正、反向电阻均很小,说明管子内部短路;若正、反向电阻均很大,则说明管子内部开路。在这两种情况下,管子就不能使用了。

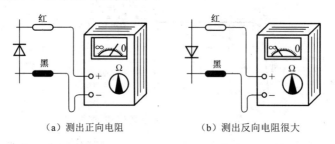

(a)测出正向电阻　　　　(b)测出反向电阻很大

图 1.1.5　万用表检测二极管

二极管的分类

常见的二极管有以下几种分类:

(1)以制造的材料分类:硅二极管、锗二极管。

(2)以 PN 结面积大小分类:点接触型(PN 结面积小)、面接触型(PN 结面积大)。

(3)以用途分类:二极管的用途广泛,按用途有许多分类,下面简单介绍常见的二极管。

① 整流二极管:一种利用二极管的单向导电性,把交流电变换成直流电的二极管,其图形符号如图 1.1.6(a)所示。

② 稳压二极管:一种利用二极管反向击穿时两端电压保持稳定的特性来稳定电路两点之间电压的二极管,其图形符号如图 1.1.6(b)所示。

③ 发光二极管：一种采用磷化镓（GaP）或磷砷化镓（GaAsP）等半导体材料制成的可以直接将电能转换为光能的二极管，其图形符号如图 1.1.6（c）所示。

④ 光电二极管：一种能将光照强弱的变化转变成电信号的二极管，其图形符号如图 1.1.6（d）所示。光电二极管在反向电压下工作，没有光照时，反向电流很小；有光照时反向电流变大，光的强度越大，反向电流也越大。

⑤ 变容二极管：一种利用反向偏压改变 PN 结的结电容大小的二极管（反向偏压升高，结电容变小），其图形符号如图 1.1.6（e）所示。变容二极管被广泛应用于彩色电视机的电子调谐器中，通过控制电压的改变来改变结电容大小，此时它相当于一个可变电容，从而用来选择某一频道的谐振频率。

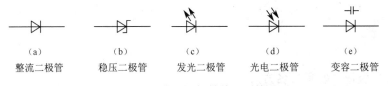

(a) 整流二极管　　(b) 稳压二极管　　(c) 发光二极管　　(d) 光电二极管　　(e) 变容二极管

图 1.1.6　常见二极管的图形符号

此外还有很多其他不同用途的二极管，如检波二极管、开关二极管、红外光电二极管、红外发光二极管、激光二极管、阻尼二极管等。

二极管的主要参数

用来表示二极管的性能好坏和适用范围的技术指标，称为二极管的参数。不同类型的二极管有不同的特性参数，二极管的主要参数有如下几种。

1. 最大整流电流 I_F

I_F 是指二极管工作时允许通过的最大正向平均电流。它与 PN 结的材料、结面积和散热条件有关。如果在实际运用中流过二极管的平均电流超过 I_F，则管子可能过热而烧坏。

2. 最大反向工作电压 U_{RM}

U_{RM} 指二极管允许承受的反向工作电压最大值。为了确保二极管的安全工作，通常取二极管的反向击穿电压的一半或三分之一为 U_{RM}。

3. 反向漏电流 I_R

I_R 是指在室温下，二极管未击穿时的反向电流值。I_R 越小，管子的单向导电性能越好。由于温度升高时 I_R 将增大，使用时要注意温度对 I_R 的影响。

4. 最高工作频率 f_M

f_M 是指二极管具有单向导电性的最高交流信号的频率。f_M 主要由 PN 结的结电容大小决定，二极管的工作频率若超过此值，二极管就会失去单向导电性。

二极管的选用

二极管的参数是正确使用二极管的依据。由于制造工艺的限制，即使是同一型号的管子，参数的分散性也很大，一般半导体元器件手册上给出的往往是在一定测试条件下测得的参数范围。如果条件发生变化，相应参数也会发生变化。因此，在选择使用二极管时一定要注意留有足够的余量，同时注意其使用条件的限制（如散热条件等）。

国产半导体二极管的型号命名方法

国产半导体二极管型号由 5 部分组成，如硅稳压二极管 2CW7B。其中，2——二极管、C——N 型硅材料、W——稳压管、7——序号、B——规格号，详见附录 D。

第 2 步　单相半波整流电路的制作

把交流电转换成直流电的过程称为整流。利用晶体二极管的单向导电性把单相交流电转换成直流电的电路称为二极管单相整流电路，常用的有单相半波整流、单相全波整流、单相桥式整流和倍压整流等。下面首先进行单相半波整流电路的制作。

单相半波整流电路的制作

1. 电子电路

图 1.1.7 所示电路中变压器是输出电压 v_2 为 6 V 的降压变压器，负载电阻 R_L 为 1 kΩ，整流二极管 V 为 1N4007。

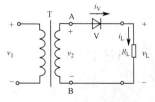

图 1.1.7　单相半波整流电路

2. 仪器仪表工具

双踪示波器 1 台，万用表，烙铁等焊接工具及材料。

3. 制作步骤

（1）识读半波整流电路图。

（2）根据阻值大小和二极管型号正确选择元器件。电阻选择碳膜电阻，色环为棕黑红金，代表阻值为 1 kΩ。二极管选择整流二极管，标识型号为 1N4007。

（3）电阻、二极管正确成形，注意元器件成形时尺寸须符合万能电路板插孔间距要求。

（4）在万能电路板上按电路原理图正确插装成形好的元器件，并用导线把它们连接好。

4．测试步骤

（1）按上述制作步骤连接好图 1.1.7 所示电路，经复查确定电路连接正确后再通电检测。

（2）由变压器输出的 6 V/50 Hz 交流电压 v_2 加到整流电路输入端，用双踪示波器同时观察整流电路输入电压 v_2 和输出电压 v_L 的波形，比较它们的大小及相位，记录观察到的输入和输出电压波形（画在坐标纸上）。同时用万用表直流电压挡检测负载电阻 R_L 两端的电压并记录：U_L=_____V。

（3）保持实验步骤（2），将二极管 V 反接，同样用双踪示波器同时观察整流电路输入电压 v_2 和输出电压 v_L 的波形，比较它们的大小及相位，记录观察到的输入和输出电压波形（画在坐标纸上）。同时用万用表直流电压挡检测负载电阻 R_L 两端的电压并记录：U_L=_____V。

5．综合分析

所谓"整流"，就是指把_____（双向/单向）交流电变为_____（双向/单向）脉动直流电。因电路仅利用了电源电压的_____（半个/一个）波，故称为半波整流电路。若在电路中改变二极管的接法，输出波形_____（会/不会）发生变化，即输出电压的极性_____（会/不会）发生变化。

单相半波整流电路的工作原理

通过前面的电路制作以及利用示波器进行波形观察，看到了半波整流电路的输出波形 v_L，那么其形成原因是怎样的呢？通过学习其工作原理即可了解。

在图 1.1.7 所示参考方向下，v_2 为正半周时（A 端为正、B 端为负，A 端电位高于 B 端电位），二极管 V 加正向电压导通，电流 i_V 自 A 端经二极管 V 自上而下的流过负载 R_L 到 B 端。因为二极管正向压降很小，可认为负载两端电压 v_L 与 v_2 几乎相等，即 v_L=v_2。

v_2 为负半周时（A 端为负、B 端为正，A 端电位低于 B 端电位），二极管 V 加反向电压截止，电流 i_V=0，负载 R_L 上的电流 i_L=0，负载 R_L 上的电压 v_L=0。

在交流电压 v_2 工作的整个周期内，R_L 上只有自上而下的单方向电流，实现了半波整流。

通过制作半波整流电路，可以知道，半波整流电路的输出电压 v_L 只有输入电压 v_2 的一半，电源利用率低，输出电压的脉动大，在实际应用中没有实用价值。通过第 3 步、第 4 步的制作，读者即可体会到将输入电压的整个周期都得到充分利用的整流电路的效果。

第3步 单相全波整流电路的制作

1. 电子电路

图 1.1.8 所示电路中变压器是输出电压 v_2 为 6 V 的降压变压器,负载电阻 R_L 为 1 kΩ,整流二极管为 1N4007。

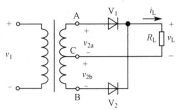

图 1.1.8 单相全波整流电路

2. 仪器仪表工具

双踪示波器 1 台,烙铁等焊接工具及材料。

3. 制作步骤

(1) 识读全波整流电路图。

(2) 根据阻值大小和二极管型号正确选择元器件。电阻选择碳膜电阻,色环为棕黑红金,代表阻值为 1 kΩ。二极管选择整流二极管,标识型号为 1N4007。

(3) 电阻、二极管正确成形,注意元器件成形时尺寸须符合万能电路板插孔间距要求。

(4) 在万能电路板上按电路图正确插装成形好的元器件,并用导线把它们连接好,注意二极管的极性。

4. 测试步骤

(1) 按上述制作步骤连接好图 1.1.8 所示电路,经复查确定电路连接正确后再通电检测。

(2) 由变压器输出 6 V/50 Hz 的交流电压 v_2 加到电路输入端,用示波器同时观察输入和输出波形,并记录输入电压 v_{2a}、v_{2b} 和输出电压 v_L 的波形(画在坐标纸上)。同时用万用表直流电压挡检测电阻 R_L 两端的电压并记录:$U_L=$_____V。

(3) 保持实验步骤(2),将二极管 V_1、V_2 同时反接,用示波器同时观察输入和输出波形,画出此时的实验电路并记录输入和输出电压波形(画在坐标纸上)。并用万用表检测电阻 R_L 两端的电压并记录:$U_L=$_____V。

5. 综合分析

由步骤(2)可知,当输入电压为正半周时,_____(V_1/V_2)导通,_____(V_1/V_2)截止;当输入电压为负半周时,_____(V_1/V_2)导通,_____(V_1/V_2)截止。电路在交流电的整个周期内,负载 R_L 上都有单向脉动直流电压输出,所以称为全波整流电路。

二极管的正确连接

一定要注意二极管的极性和连接方向。如果将一只二极管接反将产生短路故障,可能引起二极管或变压器烧毁。但如果两只二极管同时反接，电路不会出现短路故障，但会使输出电压的正、负极性反向，此时用万用表直流电压挡进行测量时一定要注意其正、负极性，否则将引起电压表反向偏转，严重时可能烧毁电表。另外，在电路连接过程中，若其中一只二极管虚焊，则电路将变成半波整流，此时输出的为半波整流波形。

单相全波整流电路工作原理

通过前面的电路制作以及利用示波器进行波形观察，看到了全波整流电路的输出波形 v_L，那么其形成原因是怎样的呢？同样通过学习其工作原理即可了解其形成原因。

在图 1.1.8 所示参考方向下，v_2（包括 v_{2a} 和 v_{2b}）为正半周时，A 端为正、B 端为负，A 端电位高于中心抽头 C 端电位，且 C 处电位又高于 B 端电位，二极管 V_1 加正向电压导通，V_2 加反向电压截止，电流 i_{V1} 自 A 端经二极管 V_1 自上而下的流过负载 R_L 到变压器中心抽头 C 端。因为二极管 V_1 的正向压降很小，可以认为负载两端电压 v_L 与 v_{2a} 几乎相等，即 $v_L=v_{2a}$。

v_2（包括 v_{2a} 和 v_{2b}）为负半周时，A 端为负、B 端为正，B 端电位高于中心抽头 C 端电位，且 C 处电位又高于 A 端电位，二极管 V_1 加反向电压截止，V_2 加正向电压导通，电流 i_{V2} 自 B 端经二极管 V_2 也自上而下的流过负载 R_L 到变压器中心抽头 C 端，因为二极管 V_2 的正向压降很小，可以认为负载两端电压 v_L 与 v_{2b} 几乎相等，即 $v_L=v_{2b}$。

在交流电压 v_2 工作的整个周期内，i_{V1} 和 i_{V2} 叠加形成全波脉动直流电流 i_L，在 R_L 上只有自上而下的单方向电流 i_L，在 R_L 两端得到全波脉动直流电压 v_L，实现了全波整流。

第 4 步　单相桥式整流电路的制作

1. 电子电路

图 1.1.9 所示电路中变压器是输出电压 v_2 为 6 V 的降压变压器，负载电阻 R_L 为 1.2 kΩ，整流二极管 V_1、V_2、V_3、V_4 为 1N4007。

2. 仪器仪表工具

万用表 1 只，双踪示波器 1 台，烙铁等焊接工具及材料。

3. 制作步骤

（1）识读桥式整流电路图。

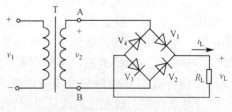

图 1.1.9　单相桥式整流电路

(2)根据阻值大小和二极管型号正确选择元器件。电阻选择碳膜电阻,色环为棕红红金,代表阻值为 1.2 kΩ。二极管选择整流二极管,标识型号为 1N4007。

(3)电阻、二极管正确成形,注意元器件成形时尺寸须符合电路通用板插孔间距要求。

(4)在电路通用板上按电路原理图正确插装成形好的元器件,并用导线把它们连接好,注意二极管的极性。

4. 测试步骤

(1)按上述制作步骤连接好图 1.1.9 所示电路,经复查确定电路连接正确后再通电检测。

(2)将变压器次级的 6 V/50 Hz 交流电压 v_2 加到整流电路输入端。用示波器同时观察输入电压 v_2 和输出电压(即 R_L 两端电压)v_L 的波形,并在坐标纸上记录 v_2 和 v_L 的波形。输入电压 v_2 和输出电压 v_L 之间波形的不同之处在于输入是_____(双向正弦交流/单向全波)的波形,输出是_____(双向正弦交流/单向全波)的波形。并用万用表检测电阻 R_L 两端的电压并记录:U_L=_____V。

(3)保持检测步骤(1),将二极管 V_2 断开。再用示波器同时观察 v_2 和 v_L 的波形,并在坐标纸上记录 v_L 波形,与检测步骤(2)中测试的 v_L 波形比较,判断二者_____(相同/不相同),原因是电路由_____(桥式/半波)整流电路变为_____(桥式/半波)整流电路。用万用表检测电阻 R_L 两端的电压并记录:U_L=_____V。

(4)在保持检测步骤(1)的基础上,将所有二极管同时反接。用示波器同时观察输入和输出电压(R_L 两端)的波形,并在坐标纸上记录输出电压波形,与检测步骤(2)中测试的输出电压波形比较,它们_____(一样/不一样),原因是电压极性_____(发生/不发生)变化。并用万用表检测电阻 R_L 两端的电压并记录:U_L=_____V。

5. 综合分析

二极管桥式整流电路是利用了二极管_____的特性,从而实现了整流。经整流后的输出波形与_____(半波/全波)整流电路的输出波形大致相同。

二极管的正确连接

一定要注意二极管的极性和连接方向。如果 4 只二极管同时反接,电路不会出现短路故障,但会使输出电压的正、负极性反向,此时用万用表直流电压挡进行测量时一定要注意其正、负极性,否则将引起电压表反向偏转,严重时可能烧毁电表。如果将与负载 R_L 任意一端相接的两只二极管接反,将使输出电压为零。其他情况下如果将其中的一只、两只或者三只二极管接反,都将产生短路故障,可能引起二极管或变压器烧毁。另外,在电路连接过程中,若其中一只二极管或相对边两只二极管虚焊,则电路将变成半波整流,此时输出的为半波整流波形;但若与负载任一端相接的两只二极管虚焊,则使输出电压为零。

单相桥式整流电路工作原理

通过前面的电路制作及通过示波器进行波形观察,看到了桥式整流电路的输出波形 v_L,那么其形成原因是怎样的呢?通过学习其工作原理即可了解其形成原因。

在图 1.1.9 所示参考方向下,v_2 为正半周时,A 端为正、B 端为负,A 端电位高于 B 端电位,二极管 V_1 和 V_3 加正向电压导通,V_2 和 V_4 加反向电压截止,电流 i_1 自 A 端流过 V_1、R_L、V_3 到 B 端,它是自上而下流过 R_L 的。

v_2 为负半周时,A 端为负、B 端为正,A 端电位低于 B 端电位,二极管 V_2 和 V_4 加正向电压导通,V_1 和 V_3 加反向电压截止,电流 i_2 自 B 端流过 V_2、R_L、V_4 到 A 端,它是自上而下流过 R_L 的。

在交流电压 v_2 工作的整个周期内,i_1 和 i_2 叠加形成全波脉动直流电流 i_L,在 R_L 上只有自上而下的单方向电流 i_L,在 R_L 两端得到全波脉动直流电压 v_L,同样实现了全波整流。

图 1.1.10 所示为三个电路是桥式整流电路的常见画法,图 1.1.10(c)为其简化画法。

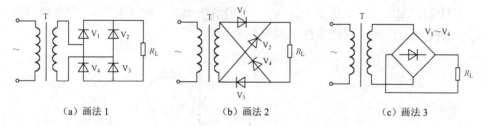

(a)画法 1　　　　　　　　(b)画法 2　　　　　　　　(c)画法 3

图 1.1.10　单相桥式整流电路几种常见画法

项目 2　三相整流电路的制作

学习目标

◇　了解三相整流电路的组成与特点。

工作任务

◇　能用二极管搭接三相整流电路。

三相整流电路的特点

前面介绍的单相整流电路通常应用于电子电路或电子仪器中,它们的输出功率较小,一般为几瓦到几百瓦,如果负载功率太大,将会引起电网三相负荷不平衡。对于某些场合要求输出功率高达几千瓦以上的大功率直流电源,大多数是从三相整流电路得到的。三相整流电路具有输出电压脉动小,输出功率大,变压器利用率高并能使三相电网的负荷平衡等优点,在电气设备中被广泛应用。

三相整流电路有多种类型,下面首先介绍三相半波整流电路。

第1步 三相半波整流电路的制作

1. 电子电路

图 1.2.1 所示是一个三相半波整流电路。图中变压器的初级绕组接成三角形,次级绕组接成星形。

2. 电压波形

次级绕组的相电压是三相对称电压并按正弦规律变化,彼此相位差为 120°,电压波形如图 1.2.2(a)所示。图中三只二极管 V_1、V_2、V_3 的负极接在一起(A 点),称为共阴极接法。负载电阻 R_L 一端接 A 点,另一端接中性点 N 而构成回路。

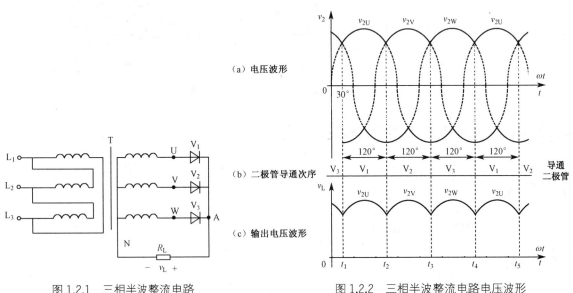

图 1.2.1 三相半波整流电路   图 1.2.2 三相半波整流电路电压波形

二极管的正确连接

一定要注意二极管的极性和连接方向。与前面单相整流电流相似,如果将其中一只或两只二极管接反将产生短路故障,可能引起二极管或变压器烧毁。但如果三只二极管同时反接,电路不会出现短路故障，但会使输出电压的正、负极性反向，此时用万用表直流电压挡进行测量时一定要注意其正、负极性，否则将引起电压表反向偏转，严重时可能烧毁电表。

三相半波整流电路工作原理

几只二极管连接在一起，承受正向电压最大的二极管则应优先导通。由于三相交流电压不断变化，在某一时间内，只有正极电压最高或负极电压最低的二极管才能导通，依据这一原则，下面来分析图 1.2.1 电路的工作情况。

在 $t_1 \sim t_2$ 时间内：V_1、V_2、V_3 的负极电位相同，而 U、V、W 三点中 U 相电压最高，所以 V_1 优先导通，忽略二极管正向压降，A 点电位等于 U 点电位，负载电压等于 U 相电压，而 V_2、V_3 承受反向电压而截止。电流通路为：U→V_1→R_L→N。

在 $t_2 \sim t_3$ 时间内：U、V、W 三点中 V 相电压最高，所以 V_2 导通，A 点电位等于 V 点电位，负载电压等于 V 相电压，而 V_1、V_3 承受反向电压而截止。电流通路为：V→V_2→R_L→N。

在 $t_3 \sim t_4$ 时间内：U、V、W 三点中 W 相电压最高，所以 V_3 导通，A 点电位等于 W 点电位，负载电压等于 W 相电压，而 V_1、V_2 承受反向电压而截止。电流通路为：W→V_3→R_L→N。

V_1、V_2、V_3 三只二极管，在一个周期中轮流导通，每相导通时间为 $T/3$，负载 R_L 上电流方向始终不变。以后重复上述过程。二极管导通次序如图 1.2.2（b）所示。

输出电压的波形就是次级绕组的相电压在正半周的包络线，如图 1.2.2（c）所示。其脉动程度比单相整流电路小得多。

第 2 步　三相桥式整流电路的制作

1. 电子电路

图 1.2.3 所示为三相桥式整流电路，二极管 V_1、V_3、V_5 组成共阴极接法，V_2、V_4、V_6 组成共阳极接法，负载 R_L 接在 A、B 两点间。

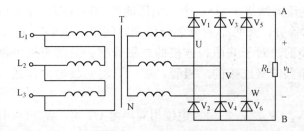

图 1.2.3　三相桥式整流电路

2. 电压波形

三相桥式整流电路电压波形如图 1.2.4 所示。

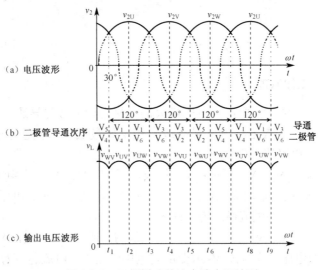

图 1.2.4　三相桥式整流电路电压波形

二极管的正确连接

一定要注意二极管的极性和连接方向。与前面三相半波整流电流相似,如果 6 只二极管同时反接,电路不会出现短路故障,但会使输出电压的正、负极性反向,此时用万用表直流电压挡进行测量时一定要注意其正、负极性,否则将引起电压表反向偏转,严重时可能烧毁电表。如果将其中部分二极管接反都将产生短路故障,可能引起二极管或变压器烧毁。

三相桥式整流电路工作原理

为分析方便,将变压器次级绕组 3 个相电压的波形画在图 1.2.4(a)中,并将一个周期的时间从 $t_1 \sim t_7$ 分成六等分,在每个六分之一周期时间内,相电压 v_{2U}、v_{2V}、v_{2W} 中总有一个是最大的,一个是最小的。对于共阴极连接的二极管哪一只的正极电位最高,则这只二极管就处于导通状态;对于共阳极连接的二极管,哪一只的负极电位最低,则这只二极管就处于导通状态。

在 $t_1 \sim t_2$ 时间内:V_1、V_3、V_5 的负极电位相同,而 U、V、W 三点中 U 相电压最高,所以 V_1 优先导通,使 A 点电位等于 U 点,这样 V_3、V_5 承受反向电压而截止。再看 V_2、V_4、V_6,它们的正极电位相同,而 U、V、W 三点中 V 相电压最低,所以 V_4 优先导通,使 B 点电位等于 V

点，使 V_2、V_6 也反偏截止。在这段时间中，V_1 与 V_4 串联导通，电流通路为：U→V_1→R_L→V_4→V→N。输出电压 v_L 近似等于变压器次级电压 v_{UV}。

在 t_2~t_3 时间内：U 相电压仍然最高，而 W 相电压最低，因此 V_1 与 V_6 串联导通，其余二极管反偏截止，电流通路为：U→V_1→R_L→V_6→W→N。输出电压 v_L 近似等于变压器次级电压 v_{UW}。

在 t_3~t_4 时间内：V 相电压最高，而 W 相电压仍然最低，因此 V_3 与 V_6 串联导通，其余二极管反偏截止，电流通路为：V→V_3→R_L→V_6→W→N。输出电压 v_L 近似等于变压器次级电压 v_{VW}。

依此类推，循环往复。因而不难得出如下结论，在任意瞬时，共阴极组和共阳极组中各有一只二极管导通，每个二极管在一个周期内的导通角都为 120°，导通次序如图 1.2.4（b）所示。负载上获得的脉动直流电压 v_L 波形如图 1.2.4（c）所示，它是线电压 v_{UV}、v_{UW}、v_{VW}、v_{VU}、v_{WU}、v_{WV} 的波顶连线，在一个周期内出现 6 个波头。如果将它与单相整流电路的输出电压波形相比，显然三相桥式整流电路的输出电压波形平滑得多，脉动更小。

常见的几种整流电路比较

常见的几种整流电路比较见表 1.2.1。

表 1.2.1 常见的几种整流电路比较

类型	电路形式	整流输出 v_L 的波表	输出电压平均值 V_L	输出电流平均值 I_L	每管流过电流平均值 I_V	每管承受的最高反向电压 U_{RM}	变压器副边电流有效值 I
单相半波			$0.45v_2$	$\dfrac{0.45v_2}{R_L}$	I_L	$\sqrt{2}v_2$	$1.57I_L$
单相全波			$0.9v_2$	$\dfrac{0.9v_2}{R_L}$	$\dfrac{1}{2}I_L$	$2\sqrt{2}v_2$	$0.79I_L$
单相桥式			$0.9v_2$	$\dfrac{0.9v_2}{R_L}$	$\dfrac{1}{2}I_L$	$\sqrt{2}v_2$	$1.11I_L$
三相半波			$1.17v_2$	$\dfrac{1.17v_2}{R_L}$	$\dfrac{1}{3}I_L$	$\sqrt{3}\cdot\sqrt{2}v_2 = \sqrt{6}v_2$	$0.59I_L$

续表

类型	电路形式	整流输出 v_L 的波表	输出电压平均值 V_L	输出电流平均值 I_L	每管流过电流平均值 I_V	每管承受的最高反向电压 U_{RM}	变压器副边电流有效值 I
三相桥式			$2.34v_2$	$\dfrac{2.34v_2}{R_L}$	$\dfrac{1}{3}I_L$	$\sqrt{3}\cdot\sqrt{2}v_2$ $=\sqrt{6}v_2$	$1.62I_L$

项目3　滤波电路的制作

学习目标

- 能识读电容滤波、电感滤波、复式滤波电路图。
- 了解滤波电路的应用实例；观察滤波电路的输出电压波形，了解滤波电路的作用及其工作原理。
- 会估算电容滤波电路的输出电压。

工作任务

- 用电解电容搭接电容滤波电路。

滤波的概念

二极管整流电路将交流电转换为脉动直流电，其极性方向虽然不变，但它的大小量值是波动的，即平滑性差。其原因是脉动直流电中除了含有直流分量外，还含有较高的谐波分量，这些谐波分量称为纹波。由于纹波的存在，使脉动直流电只能在一些电压要求不高的场合（如电镀、电磁铁等）中使用，但对有些电压要求较高的电子仪器设备来说，用这样的电压供电，将会对电子仪器设备的工作产生严重的干扰，甚至不能正常工作。

为了满足电子仪器设备正常工作的需要，就必须在整流电路后，接入负载前采取滤波措施。所谓滤波，就是把脉动直流电压中的脉动成分或纹波成分滤除，以得到较为平滑的直流输出电压。下面通过电容滤波电路的制作来理解滤波电路的作用。

第1步 电容滤波电路的制作

1. 电子电路

图 1.3.1 所示为半波整流电容滤波电路，T 为输出电压为 12 V 的降压变压器，整流二极管 V 为 1N4007，电解电容 C 为 1000 μF/25 V，电阻 R_L 为 1.2 kΩ。

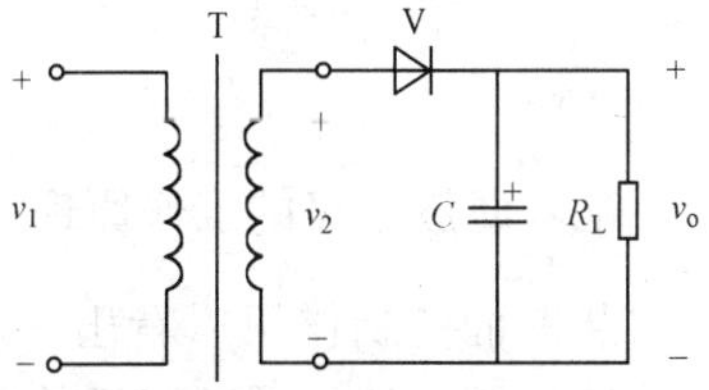

2. 仪器仪表工具

万用表 1 只，双踪示波器 1 台，烙铁等焊接工具及材料。

3. 制作步骤

（1）识读半波整流电容滤波电路图。

（2）根据阻值大小和二极管型号正确选择元器件。电阻选择碳膜电阻，色环为棕红红金，代表阻值为 1.2 kΩ。二极管选择整流二极管，标识型号为 1N4007。电容选择电解电容，标识型号为 1000 μF/25 V。

（3）电阻、二极管正确成形，注意元器件成形时尺寸须符合万能电路板插孔间距要求。

（4）在万能电路板上按测试电路图正确插装成形好的元器件，并用导线把它们连接好。注意二极管、电解电容的极性。

图 1.3.1 半波整流电容滤波电路

4. 测试步骤

（1）按上述制作步骤连接好图 1.3.1 所示电路，经复查确定电路连接正确后再通电检测。

（2）将半波整流电路输出的脉动直流电压加到电路输出端，用双踪示波器同时观察电压 v_2 和输出电压 v_o 的波形，并在坐标纸上画出电压 v_2 和输出电压 v_o 的波形。

（3）用万用表检测负载 R_L 两端的电压并记录：U_o =_____V。

（4）将电容 C 的容量调换为 500 μF/25 V，按上述步骤（2）、（3）再次观测 v_o 的波形并测量 U_o 值。

5. 综合分析

（1）将刚测出的图 1.3.1 电路的波形与图 1.1.7 电路中测出的波形相比较，可以看出在负载两端并联上电容后，输出电压的波形比不加电容直接整流后的输出电压的波形更加_____（平滑/不平滑）。

（2）比较电容 C 值分别为 1000 μF/25 V 和 500 μF/25 V 时观测到的电压波形 v_o 与电压 U_o 值，可以看出，电容量越大，滤波的效果越_____（好/差）。

二极管和电解电容的正确连接

在滤波电路的连接过程中,与前面制作整流电路相似,除要注意二极管的极性外,同时还应注意电解电容的极性,若电解电容极性接反会使其击穿损坏,从而引发电路故障。

电容滤波电路的工作原理

从前面的制作可以看出,电容量越大,输出电压的纹波越小,即滤波效果越好。电容器能够滤波的原因是利用贮能元件电容的充放电作用以及电容两端电压 v_C 的存在,当电压升高时电容充电,贮存能量,当电压下降时电容放电释放能量,这样就使整流输出电压的脉动程度大为减弱,波形近于平滑,从而起到了滤波的作用。

第2步 滤波电路的类型及特点

用来实现滤波功能的电路除了电容滤波电路以外,常见的滤波电路还有电感滤波和复式滤波电路。

1. 电容滤波电路

如图 1.3.1 所示,电容滤波电路主要利用电容两端的电压不能突变的特性,使负载电压波形平滑,电容与负载并联。这种滤波电路结构简单,输出直流电压较高,纹波较小,但带负载能力较差,电源接通瞬间充电电流很大,整流管要承受很大的正向浪涌电流,一般用在负载电流较小且变化不大的场合,是小功率整流电路中的主要滤波形式。

各种整流电路采用电容滤波后,电路参数可能会发生相应的变化,其具体参数见表1.3.1。

表 1.3.1 各电容滤波电路的参数

滤波电路形式	输出电压平均值 U_o		二极管参数		电路原理图
	有载时	空载时	电流 I_V	最高反向工作电压 U_{RM}	
半波整流	U_2	$\sqrt{2}U_2$	I_L	$2\sqrt{2}U_2$	
全波整流	$1.2U_2$	$\sqrt{2}U_2$	$\dfrac{I_L}{2}$	$2\sqrt{2}U_2$	

续表

滤波电路形式	输出电压平均值 U_o		二极管参数		电路原理图
	有载时	空载时	电流 I_V	最高反向工作电压 U_{RM}	
桥式整流	$1.2U_2$	$\sqrt{2}U_2$	$\dfrac{I_L}{2}$	$\sqrt{2}U_2$	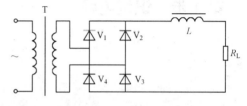

2. 电感滤波电路

如图 1.3.2 所示，电感滤波电路主要利用通过电感中的电流不能突变的特点，使输出电流波形比较平滑，从而使输出电压的波形也比较平滑，故电感与负载串联。这种电路工作频率越高，电感越大，负载越小，则滤波效果越好，整流管不会受到浪涌电流的损害，适用于负载电流较大以及负载变化较大的场合。但输出电压较低，且电感铁芯笨重，体积大，故在小型电子设备中很少采用。

图 1.3.2 电感滤波电路

3. 复式滤波电路

为了进一步提高滤波效果，可将电感和电容组合成复式滤波电路，常用的有π型 RC、π型 LC 和Γ型 LC 复式滤波电路。

Γ型 LC 滤波电路如图 1.3.3（a）所示。整流后输出的脉动直流经过电感 L，交流成分被削弱，再经电容 C 滤波，就可在负载上获得更加平滑的直流电压。输出电流大，带负载能力强，滤波效果好，但电感线圈体积大，价格高，故适用于负载变动较大、负载电流较大的场合。

π型 LC 滤波电路如图 1.3.3（b）所示。脉动直流电经过电容 C_1 的滤波后，又经电感 L 和电容 C_2 的滤波，使脉动成分大大降低，在负载上获得平滑的直流。输出电压高、滤波效果好，但输出电流小，带负载能力差，对整流二极管存在浪涌电流冲击。适用于要求输出电压脉动小、负载电流不大的场合。

π型 RC 滤波电路如图 1.3.3（c）所示。用电阻 R 代替π型 LC 滤波电路中的电感 L。电路成本低，体积小，结构简单，滤波效果好，但 R 的存在，使输出电压降低，适用于负载电流较小的场合。

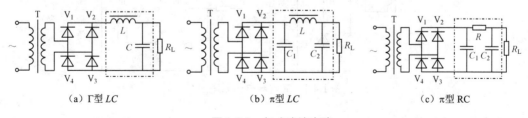

图 1.3.3 复式滤波电路

项目 4　充电器的制作

学习目标

◇ 进一步熟悉桥式整流电路的工作原理。

◆ 进一步熟悉滤波电路的工作原理。
◆ 掌握充电器的电路组成及其工作过程。
◆ 掌握充电器的安装调试方法。

工作任务

◆ 完成充电器电路中各元器件的检测。
◆ 完成组装并调试好充电器电路。
◆ 能排除充电器常见的故障。

第1步 识读电路

充电器的组成及其工作原理

充电器电路原理图如图 1.4.1 所示。该电路具有充电和稳压输出两种功能。电路在结构上有公用部分（变压器、桥式整流电路、滤波电路）、充电部分和稳压输出部分，并且配有相应的发光二极管指示电路。

1. 充电器电路（图1.4.1）

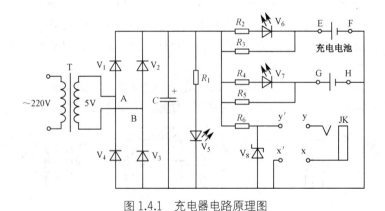

图 1.4.1 充电器电路原理图

2. 充电器工作过程

工作过程（图 1.4.2）：该充电器电路中变压器 T 将 220 V 交流电转变为 5 V 的低压交流电。输入由二极管 $V_1 \sim V_4$ 组成的桥式整流电路，使交流电变成单向脉动直流电，通过电解电容 C 的滤波作用，变成较为平滑的直流电，当电路工作正常时，接在电容两端的绿色发光二极管 V_5 就会发光。

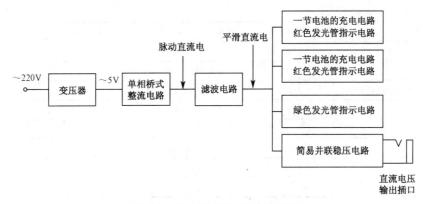

图 1.4.2　充电器电路工作过程框图

经电容 C 滤波后的平滑直流电分成两部分，一路送至两节充电电路。一节充电电路由电阻 R_3 做充电限流电阻，电阻 R_2 和红色发光二极管 V_6 串联后并联在电阻 R_3 两端，同时提供充电电流，并指示充电状态。只有在充电电池的位置装入充电电池，并且接触良好，用做指示的发光二极管 V_6 才会发光。另一节节充电电路由 R_5、R_4、V_7 组成。

另一路送至稳压输出部分。稳压部分采用简易并联稳压电路，稳压原理如图 1.4.3 所示。输入 6 V 的电压除了稳压二极管 V_8 的反向电压外，都降到限流电阻 R_6 上，接上负载后，如负载电流增大，则流过稳压二极管 V_8 的电流自动减小；如负载电流减小，则流过稳压二极管 V_8 的电流自动增大，通过这样的调节基本保持输出电压在 3 V 左右的范围内。

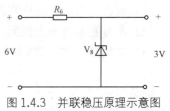

图 1.4.3　并联稳压原理示意图

第 2 步　元器件检测

表 1.4.1 为充电器电路元器件清单，对照清单逐个检测元器件，并回答下列问题。

（1）电容 C 应选用万用表的＿＿＿＿挡进行检测，检测过程中出现的现象是＿＿＿＿。

（2）整流二极管应选用万用表的＿＿＿挡进行检测，正常情况下，其正向电阻为＿＿＿，反向电阻为＿＿＿。

（3）发光二极管应选用万用表的＿＿＿＿挡进行检测。

表 1.4.1　充电器电路元器件规格和测试表

序　号	元 件 名 称	型　号		数　量
1	整流二极管	$V_1 \sim V_4$	1N4001	4
2	发光二极管	V5	ϕ3 mm 绿色	1
3	发光二极管	$V_6 \sim V_7$	ϕ3 mm 红色	2
4	稳压二极管	V_8	2CW102	1
5	电阻	R_1、R_2、R_4	75 Ω1/8 W	3

续表

序号	元件名称	型号		数量
6	电阻	R_3、R_5	43 Ω1/8 W	2
7	电阻	R_6	5.1 Ω1/8 W	1
8	电解电容器	C	1000 μF/16 V	1
9	变压器	T	220 V/6 V×2	1
10	印制板		配套	1
11	外壳		包括电池极片和固定螺丝（套）	1
12	JK 插座	JK	ϕ2.5 mm 插座	1
13	十字插头连接线		一副	1

第3步　电路的组装调试

电路组装过程

（1）识读充电器电路原理图。

（2）在万能电路板上找到相对应的元器件的合适位置，将元器件成形。

（3）采用边插装、边焊接的方法依次正确插装、焊接好元器件（注意二极管、电解电容的正、负极）。

插装步骤如下：

插装电阻 R_1、R_2、R_3、R_4、R_5、R_6；

插装二极管 V_1、V_2、V_3、V_4、V_8；

插装电解电容器 C；

插装发光二极管 V_5、V_6、V_7；

插装正、负极板；

插装电源输出插座。

（4）安装变压器，再用电烙铁焊接好变压器（注意此时不要急于把变压器的初级和交流电源相连）。

（5）检查焊接的电路中元器件是否有假焊、漏焊，以及元器件的极性是否正确。

（6）通电试验，观察电路通电情况。

电路调试

（1）通电后观察发光二极管：_____（绿色/红色）发光二极管发光，_____（绿色/红色）发光二极管不发光。

（2）测电压。使用万用表交流电压挡测量 AB 间电压，U_{AB}=_____V；使用万用表直流电压挡测量电解电容 C 端电压，U_C=_____V；测量充电电池正负极板间电压，U_{EF}=_____V，U_{GH}=_____V；在输出插座上插入十字插头连接线，使用万用表直流电压挡，在连接线的十字插头端测得的电压 U_{xy}=_____V。

（3）观察充电情况。拔掉 JK 插头连接线，在充电极板正、负极正确串联万用表测得电流为_____mA；将两节充电电池分别正确装入正负极板间，这时可以看到充电红色发光二极管_____（发光/不发光），表示充电器工作正常。

（4）波形测量。用示波器观测电路中 A 点、电解电容 C 两端、E 点、G 点波形并记录，画在坐标纸上。

故障排除

1. 故障现象一

电路全部安装成功后，接上电源，绿色发光二极管不发光。

排除方法如下。

（1）插上连接导线，用万用表测量输出电压。如果输出电压正常，则检查发光二极管正、负极性是否接反，如接反，则调换极性；或检查发光二极管是否损坏，如损坏，则更换。

（2）如果测量发现没有输出电压，则检查电桥上整流二极管 $V_1 \sim V_4$ 是否接错，找出错误的地方并将其正确连接。

2. 故障现象二

接上电源后，所有发光二极管都工作正常，但插上 JK 插头后发现没有电压输出。

排除方法如下。

（1）检查连接 x→x′、y→y′或 x→y′、y→x′之间的跳线是否断开，如断开，则将断开跳线连接上。

（2）检查稳压管是否损坏、短路。

3. 故障现象三

接上电源后，绿色发光二极管发光，红色发光二极管不发光，或有一只红色发光二极管不发光。

排除方法如下。

（1）检查有无充电电池，如无，则安装充电电池；或检查充电电池接触是否良好。

（2）检查红色发光二极管极性是否接反，如接反，则调换极性；或检查红色发光二极管是否损坏，如损坏，则更换。

一、判断题（正确的在题后括号内打上"√"，错误的在题后括号内打上"×"）

1.1 在半波整流电路中，二极管极性接反，将无整流作用。　　　　　　　　　（　　）

1.2 晶体二极管内是一个 PN 结，所以具有单向导电性。　　　　　　　　　　（　　）

1.3 P 型半导体中空穴数量多于自由电子数量，所以带正电。　　　　　　　　（　　）

1.4 滤波器的作用就是把交流电变为直流电。　　　　　　　　　　　　　　　（　　）

1.5 滤波是利用电容两端电压不能突变或电感电流不能突变的特性实现的。( )
1.6 晶体二极管击穿后,则一定损坏。( )
1.7 二极管的反向漏电流越小,其单向导电性能就越好。( )
1.8 二极管导通时,电流是从其负极流出,从正极流入的。( )

二、选择题（将正确答案的序号填到题后括号内）

1.9 半导体中的空穴和自由电子数目相等,这样的半导体称为( )。
　　A．P型半导体　　　　B．本征半导体　　　　C．N型半导体

1.10 在直流稳压电源中加滤波电路的主要目的是( )。
　　A．变交流电为直流电　　B．去掉脉动直流电中的脉动成分
　　C．将高频变为低频　　　D．将正弦交流电变为脉冲信号

1.11 图1所示电路中,3个二极管的正向管压降忽略不计,3个出厂规格一样,则最亮的灯是( )。
　　A．M　　B．N　　C．H　　D．无法确定

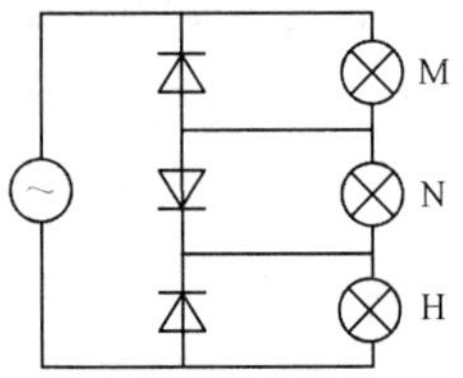

1.12 在单相整流电路中,部分二极管反向后可能使输出电压为零的是( )。
　　A．单相半波整流　　　B．单相全波整流
　　C．单相桥式整流　　　D．无法确定

图1

1.13 当硅晶体二极管加上0.3 V正向电压时,该晶体二极管相当于( )。
　　A．小阻值电阻　　　B．阻值很大的电阻　　　C．内部短路

1.14 晶体二极管的正极电位是-10 V,负极电位是-5 V,则该晶体二极管处于( )。
　　A．零偏　　　　　　B．反偏　　　　　　　　C．正偏

三、填空题

1.15 半导体是一种导电能力介于_____与_____之间的物体。

1.16 PN结具有_____性能,即加_____电压时PN结导通;加_____电压时PN结截止。

1.17 当晶体二极管导通后,则硅二极管的正向压降为_____V,锗二极管的正向压降为_____V。

1.18 发光二极管的功能是_____。
　　光电二极管的功能是_____。
　　变容二极管是一种_____的二极管;变容二极管的结电容大小与反向电压的关系是_____。
　　稳压二极管是一种_____的二极管。
　　整流二极管是一种_____的二极管。

1.19 电容滤波电路适用于_____的场合,而电感滤波电路适用于_____的场合。

1.20 硅二极管的死区电压是_____,锗二极管的死区电压是_____,它们导通后的电压降又分别是_____和_____。

1.21 半波整流与桥式整流相比，输出电压脉动成分较小的是_____电路。

1.22 二极管的4个主要参数中，反向截止时应注意的参数是_____和_____。

四、综合分析题

1.23 在线路板上有4只二极管，排列如图2所示，如何连接交流电源和负载电阻以实现桥式整流，要求画出最简电路，并标出负载两端的电压极性。

1.24 简述用万用表测试二极管极性和质量的方法。

1.25 电路如图3所示，图3（a）、图3（b）、图3（c）和图3（d）中二极管的工作状态是什么？U_{AO}分别是多少？

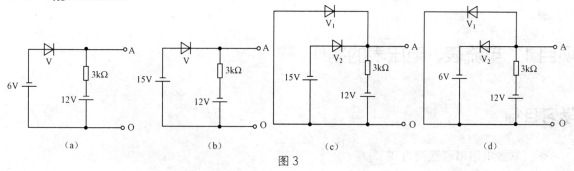

图3

1.26 电路中两只性能良好的二极管，测得它们两端的正向电压都为0.4 V，出现一只导通、一只截止的情况，分析产生这个现象的原因。

1.27 电路如图4（a）和图4（b）所示，二极管是理想的，如果$v_i=10\sin\omega t(V)$，试分析出v_o的波形图。

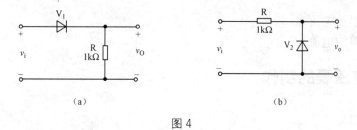

图4

1.28 什么是整流？二极管整流电路有哪些类型，分别画出电路原理图。

1.29 在桥式整流电路制作过程中，桥臂上的二极管应怎样连接？如果其中某一只连接错误，会出现什么问题？怎样解决？

1.30 如果桥式整流电路中桥背上的二极管V_2脱焊，输出电压的波形有无变化？为什么？

1.31 全波整流电路中，变压器中心抽头发生脱焊，电路能否正常工作？有无电压输出？

学习领域二 基本直流电表

领域简介

模拟式电表的基本单元是电流表,其工作原理是载流线圈在磁场中受到力矩而转动,即安培定理。电压表则是将待测电压通过标准电阻产生一个与电压成正比的电流,然后用电流表来测量。万用表的基本功能是测量电压、电流和电阻。世界各国所生产和使用的万用表虽价格、准确度、体积不同,但它们的基本功能和结构原理都是大致相同的,基本的使用方法也没有多大差别。

项目1 电流表、电压表的制作

学习目标

- ◇ 掌握电阻串联连接方式
- ◇ 会计算等效电阻、电压、电流
- ◇ 掌握电阻并联和混联连接方式
- ◇ 会计算等效电阻、电压、电流

工作任务

- ◇ 能制作简单的电压表
- ◇ 能制作简单的电流表

第1步 电压表的制作

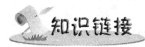
知识链接

1. 串联电路及其规律

1)串联电路

电阻的串联就是一个接一个地依次连接起来,如图2.1.1所示。

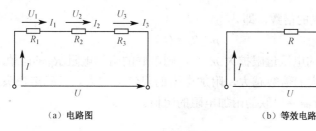

(a) 电路图　　　　　　　　(b) 等效电路

图 2.1.1

2) 串联电路的基本特点

（1）电路中各处的电流相等，即 $I = I_1 = I_2 = I_3$；

（2）电路两端的总电压等于各段电路两端的电压之和，即 $U = U_1 + U_2 + U_3$。

3) 串联电路的两个重要性质

（1）串联电路总电阻等于各个电阻之和，即 $R = R_1 + R_2 + R_3$；

（2）串联电路各个电阻两端的电压与它的阻值成正比，即 $U_1/U_2 = R_1/R_2$。

2. 满偏电压和表头内阻

如图 2.1.2 所示电路，闭合开关 S_1、S_2，调节电位器使得 G 满偏，此时伏特表中所读出的电压为待测表头 G 的满偏电压，用 U_g 表示；再断开开关 S_2，同时调节电位器和电阻箱，在保证伏特表读数不变的前提下，使 G 半偏，则电阻箱的电阻与表头内电阻 R_g 相等，这种测量方法称为电压半偏法。

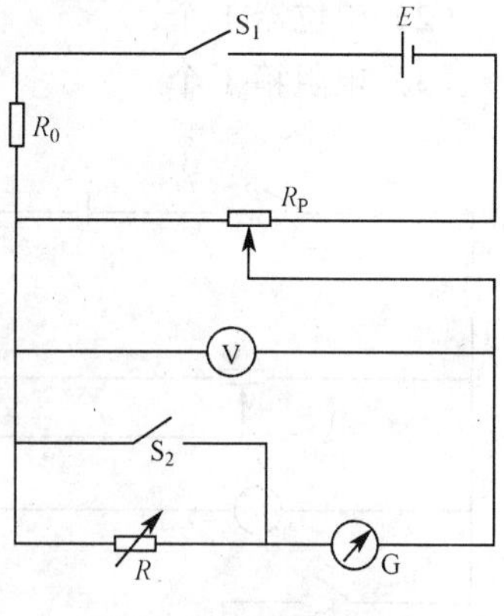

3. 电压表的基本结构和工作原理

1) 电压表的基本结构

磁电式电压表由磁电式测量机构（也称表头）和测量线路（附加电阻）构成。

图 2.1.2　电压半偏法

2) 电压表的实质

通过分压电阻对被测电压 U 分压，使得表头两端的电压 U_c 在表头能够承受的范围内（$U_c<U_g$），并使电压 U_c 与被测电压 U 之间保持严格的比例关系。

3) 电压表的工作原理

当电表满偏时，根据欧姆定律和串联电路特点，可以得到

$$I_g = U/(R_{fj} + R_g) \tag{1}$$

即
$$U_g = I_g R_g = U - I_g R_{fj} \tag{2}$$

由式（1）可知，对某量限的电压表而言，R_g 和 R_{fj} 是固定不变的，所以流过表头的电流 I_c 与被测电压 U 成正比。根据这一正比关系对电压表标度尺进行刻度，就可以指示出被测电压的大小。

由式（2）可知，附加电阻与测量机构串联后，测量机构两端的电压 U_c 只是被测电路 a、b 两点间电压 U 的一部分，而另一部分电压被附加电阻 R_{fj} 所分担。适当选择附加电阻 R_{fj} 的大小，即可将测量机构的电压量限扩大到所需要的范围。

如果用 m 表示量限扩大的倍数，即

$$mI_cR_c = U \tag{3}$$

式（3）表明，将表头的电压量限扩大 m 倍，则串联的附加电阻 R_{fj} 的阻值应为表头内阻 R_g 的 $(m-1)$ 倍，即量限扩大的倍数越大，附加电阻的阻值就越大。当确定表头及量限需要扩大的倍数以后，可以计算出所需要串联的附加电阻的阻值。

4）电压表的读数

由表头指针所指的读数乘以量限扩大的倍数，即为被测量的实际测量值。

手脑并用

单量限电压表的制作与测试

1. 实验器材

（1）表头 1 个。
（2）电位器 1 个。
（3）电阻箱 1 个。
（4）直流电源 1 个。
（5）伏特表 1 只。
（6）开关 2 个。

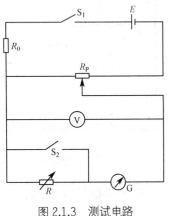

图 2.1.3　测试电路

2. 工作任务

1）检查元器件质量并测定表头的满偏电压和内阻

按图 2.1.3 连接电路，将电位器调至输出电压最低状态，电阻箱的值最大，开关断开。首先，闭合开关 S_1、S_2，调节电阻器使得 G 满偏，测出 U_g，即为满偏电压；其次，断开开关 S_2，同时调节电位器和电阻箱，在伏特表读数不变时，使得 G 半偏，测出 R_g，即为表头内阻。

2）制作电压表

① 按图 2.1.3 连接线路；
② 将电阻箱调至 $R_{fj} = V_{fj}/V_g = R_g$；
③ 断开 S_2，读出量限为 $10U_g$ 的改装表读数；
④ 读出 V 表的读数。

3. 任务评价

电压表的制作与测试评分见表 2.1.1。

表 2.1.1　电压表的制作与测试评分表

项目	分值及标准	配分	评分标准	扣分
	装前检查	10	元器件漏检或错误，每处扣 1 分	
电路安全	测定满偏电压和内阻	15	① 元器件安装不牢固，每处扣 4 分 ② 损坏元器件，扣 45 分	
	制作电压表	15		
	测量改装电压表	15		
结果检测	测定头满偏电压和内阻	15	每次测量值在 10%以内不扣分，10%～20%之间扣 5 分，超过 20%扣 15 分	
	制作电压表	15		
	测量改装电压表	15		
	安全文明操作		违反安全文明操作规程，视实际情况进行扣分	
	额定时间		每超过 5 分钟扣 5 分	
	开始时间		结束时间　　　　　　实际时间	成绩

知识链接

共用式多量限直流电压表的结构和原理

1. 多量限电压表概述

根据附加电阻的接入方式不同，多量限电压表可分为单用式附加电阻电路和共用式附加电阻电路两种形式。

单用式电路中各量限的附加电阻是单独作用的，各挡之间互不影响；尤其是当某一附加电阻损坏时，只影响相应量限的工作，而其他各挡仍可正常测量，电路如图 2.1.4 所示。

共用式电路中低电压量限的附加电阻被其他高电压量所利用，这种电路的优点是可以节省绕制电阻的材料，缺点是当低电压挡的附加电阻变质或损坏时，会影响到其他高电压挡的测量，电路如图 2.1.5 所示。

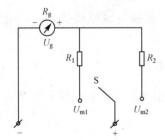

图 2.1.4　单用式电路

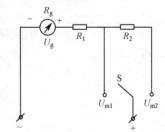

图 2.1.5　共用式电路

2. 共用式多量限电压表的测量线路

多量限电压测量线路的基本电路形式如图 2.1.5 所示。

当量限为 U_{m1} 时，接入电路的端钮是 "—" 和 "U_{m1}"，如图 2.1.6 所示。

根据串联电路的相当规律可知：

$$R_1 = R_g(U_{m1}/U_g - 1)$$

当量限为 U_{m2} 时，接入电路的端钮是"—"和"U_{m2}"，如图 2.1.7 所示。

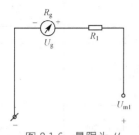

图 2.1.6　量限为 U_{m1}　　　　　　　图 2.1.7　量限为 U_{m2}

根据串联电路的相当规律可知：

$$R_1 + R_2 = R_g(U_{m2}/U_g - 1)$$

只要量限 U_{m1}、U_{m2} 已知，就可求出 R_1、R_2。

手脑并用

1. 多量限电压表的制作

1）设计多量限电压表的测量线路

仍使用前面用过的表头，多量限电压表的量限分别为 0.1 V、1 V、10 V、50 V、250 V，采用共用式测量线路，设计该电压的组成电路，并采用 R_1、R_2、R_3、R_4、R_5 作为各附加电阻的文字标号。

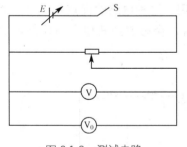

图 2.1.8　测试电路

2）配制分压电阻

根据设计的电路，分别计算出各个分压电阻。

3）模拟转换开关

根据设计的电路，用接插线模拟转换开关，用红、黑色接插线模拟红、黑表笔。

2. 测试多量限电压表

按图 2.1.8 接线，分别列出改装表读数和标准表读数，填入表 2.1.2 中。

表 2.1.2　多量限电压表测试记录及其误差计算

改装表量限	0.2 V	2 V	10 V	50 V	250 V
改装表测量值					
标准表量限					
标准表测量值					
$U-U_o$（绝对值）					
$(U-U_o)/U_o$（相对误差）					

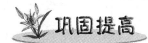

1. 填空题

（1）串联电路的基本特点是：电路中电流强度处处_____，总电压等于各段电路两端的电压之_____。

（2）串联电路总电阻等于_____，串联电路各个电阻的电压与它的_____成正比。

2. 简答题

（1）联系实例简述电路的概念。

（2）简述电压表的工作原理。

3. 综合题

（1）如图 2.1.9 所示为伏安法测量电阻的两种电路，被测电阻的实际值为 R，电压表的内阻为 R_V，电流表的内阻为 R_A，求两种电路测电阻 R 的相对误差。

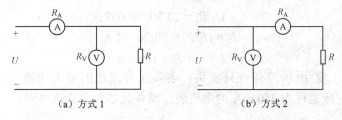

图 2.1.9　伏安法测量电阻

（2）根据已知表头的参数（1 mA、160 Ω），计算出组成 5 V、50 V 电压表的附加电阻。

第 2 步　电流表的制作

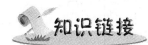

并联电路及其规律

1. 并联电路

将几个电阻并列起来，就组成了并联电路，如图 2.1.10 所示。

2. 并联电路的基本特点

（1）各支路电压相等，即 $U = U_1 = U_2 = U_3$。

（2）总电流等于各支路电流之和，即 $I = I_1 + I_2 + I_3$。

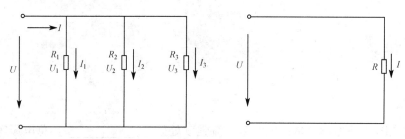

图 2.1.10 并联电路

3. 并联电路的两个重要性质

（1）并联电路总电阻的倒数，等于各个支路电阻的倒数之和，即 $1/R = 1/R_1 + 1/R_2 + 1/R_3$。

（2）并联电路中通过各个支路的电流与该支路的阻值成反比，即 $I_1/I_2 = R_2/R_1$。

例 1：如图 2.1.11 所示，$U = 20 \text{ V}$，$R_1 = 30$，$R_2 = 20$。求 R、U_1、U_2、I_1、I_2、I_3。

解：根据并联电路的性质可知：

$$1/R = 1/R_1 + 1/R_2$$

因此

$$R = R_1R_2/(R_1 + R_2) = 30 \times 20/(30 + 20) = 12 \text{ Ω}$$

根据并联电路的基本特点可知：

$$U = U_1 = U_2 = 20 \text{ V}$$
$$I_1 = U_1/R_1 = 20/30 = 0.667 \text{ A}$$
$$I_2 = U_2/R_2 = 20/20 = 1 \text{ A}$$
$$I = I_1 + I_2 = 1.667 \text{ A}$$

例 2：如图 2.1.12 所示，有一只表头，表头允许流过的最大电流 $I_c = 80 \text{ μA}$，内阻 $R_G = 1000 \text{ Ω}$，若将其改制成量程为 250 mA 的电流表，须并联多大的分流电阻？

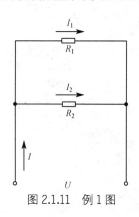

图 2.1.11 例 1 图

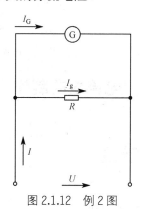

图 2.1.12 例 2 图

解：满量程时，分流电阻上流过的电流为：

$$I_R = I - I_G = 250 - 0.08 = 249.92 \text{ mA}$$

此时，表头承受的电压为：

$$U_G = I_G R_G = 80 \times 10^{-6} \times 1000 = 0.08 \text{ V}$$

由于分流电阻与表头并联，故分流电阻两端的电压与表头的电压相等。分流电阻的阻值为：

$$R = U_G/I_R = 0.08/(249.92 \times 10^{-3}) \approx 0.32 \text{ Ω}$$

即在表头两端并联一只 0.32 Ω 的分流电阻，就可改制为量程 250 mA 的电流表。

知识链接

1. 电流表的基本结构和工作原理

1）电流表的基本结构

磁电式电流表由磁电式测量机构（也称表头）和测量线路（分流器）构成。图 2.1.13 所示是最基本的磁电式电流表电路。图中 R 是分流电阻，它并联在测量机构的两端。

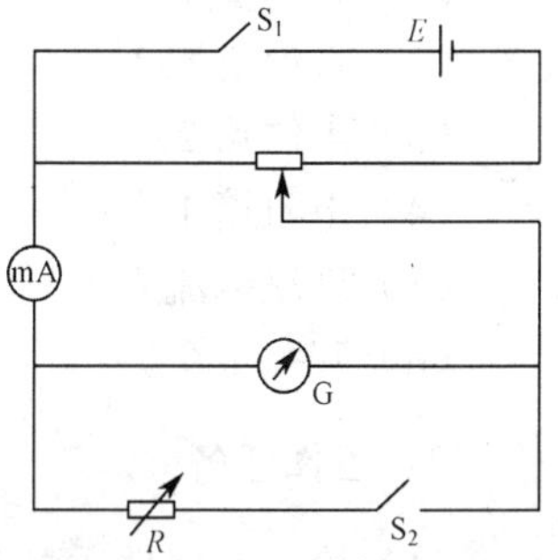

2）电流表的实质

通过分流电阻对被测电流 I 分流，使得通过表头的电流 I_c 在表头能够承受的范围内，并使电流 I_c 与被测电流 I 之间保持严格的比例关系。

3）工作原理

当电表满偏时，根据欧姆定律和并联电路的特点，可以得到

$$I_G R_G = R(I - I_G) \quad (1)$$

图 2.1.13 磁电式电流表电路

对某一电流表而言，R_g 和 R 是固定不变的，所以通过表头的电流 I_g 与被测电流 I 成正比。根据这一正比关系对电流表标度尺进行刻度，就可以指示出被测电流的大小。

如果用 n 表示量限扩大的倍数，即

$$n = I/I_G$$

则由式（1）可得

$$R = R_g/(n-1) \quad (2)$$

式（2）表明，将表头的电流量限扩大 n 倍，则分流电阻 R 的阻值应为表头内组 R_g 的 $1/(n-1)$；即限量扩大的倍数越大，分流电阻的阻值就越小。另外，当确定表头及需要扩大量限的倍数以后，即可计算出所需要的分流电阻的阻值。

4）电流表读数

由表头指针所指的读数乘以量限扩大的倍数，即为被测量的实际值。

2. 满偏电流和内阻

在图 2.1.13 中，开关 S_1、S_2 保持断开，调节电位器使 G 满偏。此时，毫安表中所读出的电流为待测表头的满偏电流，用 I_g 表示；再闭合开关 S_2，同时调节电位器和电阻箱，在保证毫安表读数不变（仍然为 I_g）的前提下，使 G 半偏，则电阻箱的电阻与表头内电阻相等，读出电阻箱的电阻，即为表头内电阻。

3. 改装电流表准确度的测试

对于改装好的电流表，在测量电流之前，必须对它的测量准确度进行评估。评估方法是将一只标准电流表与改装后的电流表一起串联接入被测电路中，那么根据串联电路中流过各段电路的电流相等的规律，流过改装后的电流表的电流应与标准电流表的电流相等；通过比较两表的读数，就可知道改装电流表的误差。电路如图 2.1.14 所示，A_0 为标准表。

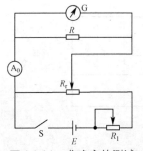

图 2.1.14 准确度的测试

单量限电流表的制作与测试

1．元器件清单

（1）表头 1 个。
（2）直流电源 1 个。
（3）电位器 2 个。
（4）电阻箱 1 个。
（5）直流电流表 1 只。
（6）开关 1 个。

2．工作任务

（1）检测元器件质量并测量表头满偏电流和内阻。

① 按图 2.1.13 连接电路，将电位器调至输出电压最低状态，电阻器置最大，开关 S_1、S_2 断开。

② 闭合开关 S_1，调节电位器使 G 满偏，测出 I_g。

③ 再闭合 S_2，同时调节电位器和电阻箱，在毫安表读数不变的前提下，使 G 半偏，测出 R_g。

（2）制作电流表。

① 将图 2.1.13 中的电阻箱调至 $R = R_G/(I_1/I_G)$。

② 闭合 S_2，读出量限为 $10I_g$ 的改装表读数 $I = 10I_g$。

③ 读出毫安表的读数。

（3）改装电流表的测试。

① 按图 2.1.14 所示连接电路。

② 接通电源。

③ 调节滑线变阻器，使改装表的读数 I 为 $0.2I_g$，读出标准表的读数 I_0 填入表 2.1.3 中。

④ 调节滑线变阻器，分别使改装表的读数 I 为 $0.4I_g$、$0.6I_g$、$0.8I_g$、$1.0I_g$，重复上述步骤，分别读出标准表的读数 I_0 填入表 2.1.3 中。

⑤ 分别求出误差。

表 2.1.3　误差计算

I（改装表的读数）	$0.2I_g$	$0.4I_g$	$0.6I_g$	$0.7I_g$	$0.8I_g$	$0.9I_g$
I_0（标准表的读数）						
$I-I_0$（绝对误差）						
$\dfrac{I-I_0}{I_0}$（相对误差）						

3. 任务评价（表2.1.4）

表2.1.4　电流表的制作与测试评分表

项目		分值及标准	配分	评分标准		扣分	
	装前检查		10	元器件漏检或错误，每处扣1分			
电路安全	测定满偏电压和内阻		15	① 元器件安装不牢固，每处扣4分 ② 损坏元器件，扣45分			
	制作电流表		15				
	改装电流表的测试		15				
结果检测	测定头满偏电流和内阻		15	每次测量值在10%以内不扣分，10%~20%之间扣5分，超过20%扣15分			
	制作电流表		15				
	改装电流表的测试		15				
	安全文明操作			违反安全文明操作规程，视实际情况进行扣分			
	额定时间			每超过5分钟扣5分			
	开始时间			结束时间	实际时间	成绩	

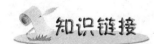

多量限电流表的原理

1. 多量限电流表的分流电阻（分流器）的两种连接方法

一种是开路连接方式，如图2.1.15所示，它的优点是各量限具有独立的分流电阻，互不干扰，调整方便。但它存在严重的缺点，因为开关的接触电阻包含在分流电阻支路内，使仪表的误差增大，甚至会因开关接触不良引起表头支路电流过大而损坏表头。所以，实际中开路连接方式是不采用的。

实用的多量限电流表的分流器都采用如图2.1.16所示的闭路连接方式。这种电路的特点是，对应每个量限在仪表的外壳上都有一个接线柱来实现量限的切换，在一些多用仪表（如万用表）中，大多也用转换

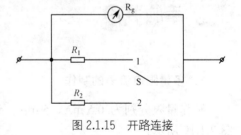

图2.1.15　开路连接

开关来切换量限，但它们的接触电阻对分流关系没有影响，即对电流表的误差没有影响，也不会使表头过流。在这种电路中，任何一个分流电阻的阻值发生变化时，都会影响其他量限，所以调整和修理都比较烦琐。

2. 多量限电流表的工作原理

两量限电流表测量线路的基本形式如图2.1.16所示，"*"为公共端钮，"I_1"和"I_2"为量限选择端钮。

若用量限"I_2"端钮测量，当所测电流为I_2时，表头应满偏，所通过的电流为I_g。电路如图2.1.17所示，根据基尔霍夫电流定律可知

$$I_g + I_2' = I_2$$

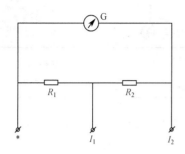

图 2.1.16 闭路连接

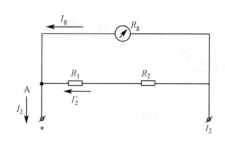

图 2.1.17 量限为 I_2

若以顺时针方向为电路的绕行方向,则有基尔霍夫电压定律可知

$$-I_g R_g + I_2(R_1 + R_2) = 0$$

消去 I_2 得:

$$I_2 R_2 = (I_2 - I_1)(R_1 + R_2) \tag{1}$$

当"*"接"I_1"端钮时,电路如图 2.1.18 所示,根据基尔霍夫电流定律可知

$$I_g + I_1' = I_1$$

若以顺时针方向为电路的绕行方向,则由基尔霍夫电压定律可知

$$-I_g(R_g + R_2) + I_1 R_1 = 0$$

消去 I_1' 得:

$$I_g(R_g + R_2) = (I_1 - I_g)R_1 \tag{2}$$

只要量限 I_1、I_2 已知,解式(1)、式(2)就可求出 R_1、R_2。

上面的式(1)和式(2)也可通过并联电路的相关规律很方便地得到。

 手脑并用

1. 多量限电流表的制作

制作量限分别为 0.5 mA、5 mA、50 mA、500 mA 的多量限直流电流表,则其测量线路如图 2.1.19 所示。

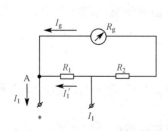

图 2.1.18 接 I_1 端钮

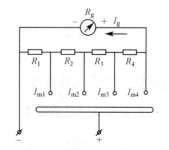

图 2.1.19 多量限电流表测量线路

根据基尔霍夫定律或并联电路的定律，列出各量限求解分流电路电阻所对应的方程，求出 R_1、R_2、R_3、R_4，对照电路连接线路，组装电路。

用接插线来模拟转换开关，分别用红、黑色接插线来模拟红、黑表笔。

2．多量线电流表测试

按图 2.1.20 连接电路，接通电源，将改装表的量限调至 0.5 mA，调节电源电压和电位器，使该表示数接近满偏时为一整数，读出该电流，填入表 2.1.5；同时，测出此时的标准电流，填入表 2.1.5 中将改装表分别调至 5 mA、50 mA、500 mA 时分别测出改装表读数和标准表读数。

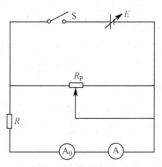

图 2.1.20　多量线电流表测试

表 2.1.5　标准电流

改装表量限	0.5 mA	5 mA	50 mA	500 mA
改装表测量值				
标准表量限				
标准表测量值				
$I-I_0$（绝对误差）				
$(I-I_0)/I_0$（相对误差）				

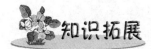

基尔霍夫定律

1．几个相关的概念

支路：由一个或几个元器件首尾相接构成的无分支电路，如图 2.1.21 中的 FD 支路、AB 支路和 GC 支路。

节点：三条或三条以上支路会聚的点。图 2.1.21 中的电路只有两个节点，即 A 点和 B 点。

回路：任意的闭合电路。图 2.1.21 所示的电路中可找到三个不同的回路，它们是 AFDBA、ABCGA 和 AFDBCGA。

网孔：网孔是一种特殊的回路，就是组成电路的最小的回路单元。图 2.1.21 所示的电路中虽有三个不同的回路，但网孔只有两个，它们是 AFDBA、ABCGA。

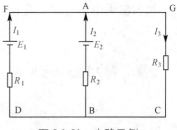

图 2.1.21　电路示例

2．基尔霍夫电流定律

基尔霍夫电流定律又称节点电流定律，即电路中任意一个节点上，流入节点的电流之和，等于流出节点的电流之和。

例如，对于图 2.1.22 中的节点 A，有

$$I_1 = I_2 + I_3$$

或

$$I_1 + (-I_2) + (-I_3) = 0$$

如果规定流入节点的电流为正,流出节点的电流为负,则基尔霍夫电流定律可写成:在任一节点上,各支路电流的代数和永远为零。

例如,图 2.1.21 所示的电路有两个节点,对于 A 节点来说,有 $I_1 + I_2 + I_3 = 0$

当然,这三个电流中至少有一个应该是负值,它的方向与图中所标方向相反,表示它是流出节点的。

对于 B 节点来说,也可得到一个节点电流关系,不过写出来就会发现,它和 A 节电电流关系一样。这其实也是一个规律,即电路中若有 n 个节点,则只能列出 $n-1$ 个独立的节点电流方程。

应该指出,在分析与计算复杂电路时,往往事先不知道每一支路中电流的实际方向,这时可以任意假定各个支路中电流的方向,称为参考方向,并且标在电路图上。若计算结果中,某一支路中的电流为正值,表明原来假定的电流方向与实际的电流方向一致;某一支路中的电流为负值,表明原来假定的电流方向与实际的电流方向相反。

3. 基尔霍夫电压定律

基尔霍夫电压定律又称回路电压定律,它说明的是闭合回路中各段电压之间的关系。如图 2.1.23 所示,回路 abcdea 表示复杂电路若干回路中的一个回路,若各支路都有电流(方向如图所示),当沿 a-b-c-d-e-a 绕行时,电位有的升高,有的降低;但不论怎样变化,当从 a 点绕闭合回路一周回到 a 点时,a 点电位不变。即

$$U_{ac} + U_{ce} + U_{ea} = 0$$

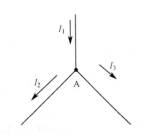

图 2.1.22 基尔霍夫电流定律

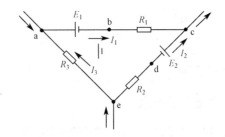

图 2.1.23 基尔霍夫电压定律

基尔霍夫电压定律,是指从一点出发绕回路一周回到该点的各段电压(电压降)的代数和等于零,即

$$\Sigma U = 0$$

例如,图 2.1.23 所示的电路,若各支路电流如图所示,回路绕行方向为顺时针方向,则

$$U_{ab} + U_{bc} + U_{cd} + U_{de} + U_{ea} = 0$$

即

$$E_1 + I_1R_1 + E_2 - I_2R_2 + I_3R_3 = 0$$

在图 2.1.21 所示的电路中,仍以顺时针方向为电路的绕行方向,则对左侧网孔而言,有

$$E_2 - I_2R_2 + I_1R_1 - E_1 = 0$$

对右侧网孔而言,有

$$-I_3R_3 + I_2R_2 - E_2 = 0$$

图 2.1.21 中有三个回路,但只有两个网孔,所以独立的回路电压方程只能列两个,即电路有多少个网孔,一般可列多少个独立的回路电压方程。

从上面的分析可以看出,方向可以任意选择,但一经选定后就不能中途改变。

(1) 磁电式表头有正、负两个连接端,电路中一定要保证电流从正端流入,否则,指针将反转。

(2) 电流表的表头和分流电阻要可靠连接,不允许分流电阻断开。

(3) 校准 5 V 和 50 V 电压表满量程时,均要调整电位器 R_{P1}。同样,在校准 10 mA、100 mA 电流表满量程时,均要调整电位器 R_{P2}。

(4) 实验台上恒压源的可调稳压输出电压的大小,可通过粗调(分段调)波段开关和细调(连续调)旋钮进行调节,并由该组件上的数字电压表显示。在启动恒压源时,先应使其输出电压调节旋钮置零位,待实验时慢慢增大。

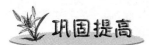

1. 填空题

(1) 并联电路的基本特点是:电路中各支路_____相等,总电流等于_____。

(2) 并联电路总电阻的_____,等于_____。

2. 简答题

(1) 简述基尔霍夫电流定律。

(2) 简述电流表的工作原理。

3. 综合题

(1) 画出 1 V、10 V 电压表和 10 mA、100 mA 电流表的测量电路,标明倍压电阻和分流电阻的阻值。

(2) 根据校验数据写出电压表和电流表的校验报告。

(3) 用量程为 10 A 的电流表测实际值为 8 A 的电流时,仪表读数为 8.1 A,求测量的绝对误差和相对误差。

项目 2 万用电表的制作

学习目标

◇ 能识读万用表基本电路图

- ◇ 了解万用表的内部结构
- ◇ 能对万用表电路元器件进行识别与测量

工作任务

- ◇ 能装配调试万用表

第1步 万用表电路图识读与元器件

对于电子爱好者来说，万用表是再熟悉不过的通用检测工具了，是必不可少也是最基础的检测测量工具。以前万用表也称为"三用表"，这是因为当初的万用表只有测量电阻、电压、电流这三项功能。现在几乎听不到这样叫的了，因为现在的万用表功能越来越多，如测量电感量、电容量、频率、晶体管参数等，所以称其为"万用表"。

1. 万用表的组成

万用表在结构上主要由表头（指示部分）、测量电路、转换装置三部分组成。万用表的面板上有带有多条标度尺的刻度盘、转换开关旋钮、调零旋钮、接线插孔等。

1）表头

万用表的表头一般都采用灵敏度高，准确度好的磁电式直流微安表。它是万用表的关键部件，万用表性能，很大程度上取决于表头的性能。表头的基本参数包括表头内阻、灵敏度和直线性，这是表头的三项重要技术指标。表头内阻是指动圈所绕漆包线的直流电阻，严格讲还应包括上下两盘游丝的直流电阻。内阻高的万用表性能好。多数万用表表头内阻在几千欧姆左右。表头灵敏度是指表头指针达到满刻度偏转时的电流值，这个电流数值越小，说明表头灵敏度越高，这样的表头特性就越好。通电测试前表针必须准确地指向零位。通常表头灵敏度只有几微安到几百微安。表头直线性，是指表针偏转幅度与通过表头电流强度变化幅度是相互一致的。

2）测量电路

测量电路是万用表的重要部分。正因为有了测量电路才使万用表成了多量程电流表、电压表、欧姆表的组合体。

万用表测量电路主要由电阻、电容、转换开关、表头等部件组成。在测量交流电量的电路中，使用了整流元器件，将交流电变换成为直流电，从而实现对交流电量的测量。

3）转换装置

它是用来选择测量项目和量限的。主要由转换开关、接线柱、旋钮、插孔等组成。转换开关是由固定触点和活动触点两大部分组成的。通常将活动触点称为"刀",固定触点称为"掷"。万用表的转换开关是多刀多掷的,而且各刀之间是联动的。转换开关的具体结构因万用表的不同型号而有差异。当转换开关转到某一位置时,可动触点就和某个固定触点闭合,从而接通相应的测量电路。

2. 万用表表盘

万用表是可以测量多种电量,具有多个量程的测量仪表,为此万用表表盘上都印有多条刻度线,并附有各种符号加以说明。电流和电压的刻度线为均匀刻度线,欧姆挡刻度线为非均匀刻度线。不同电量用符号和文字加以区别。直流量用"—"或"DC"表示,交流量用"～"或"AC"表示,欧姆刻度线用"Ω"表示。为便于读数,有的刻度线上有多组数字。多数刻度线没有单位,为了便于在选择不同量程时使用。

3. 万用表的工作原理

万用表的基本工作原理是利用一只灵敏的磁电式直流电流表(微安表)做表头。当微小电流通过表头,就会有电流指示。但表头不能通过大电流,所以,必须在表头上并联与串联一些电阻进行分流或降压,从而测出电路中的电流、电压和电阻,如图 2.2.1 所示。

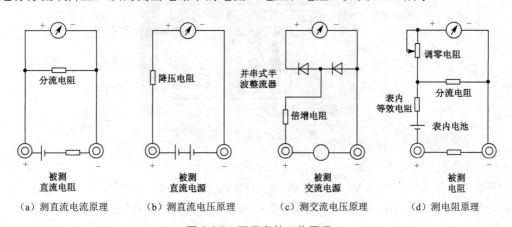

图 2.2.1 万用表的工作原理

1)测直流电流原理

如图 2.2.1(a)所示,表头上并联一个适当的电阻(叫分流电阻)进行分流,就可以扩展电流量程。改变分流电阻的阻值,就能改变电流测量范围。

2)测直流电压原理

如图 2.2.1(b)所示,在表头上串联一个适当的电阻(叫倍增电阻)进行降压,就可以扩展电压量程。改变倍增电阻的阻值,就能改变电压的测量范围。

3)测交流电压原理

如图 2.2.1(c)所示,因为表头是直流表,所以测量交流时,需要加装一个并串式半波整流器,将交流进行整流变成直流后再通过表头,这样就可以根据直流电的大小来测量交流电压。扩展交流电压量程的方法与直流电压量程相似。

4）测电阻原理

如图 2.2.1（d）所示,在表头上并联和串联适当的电阻,同时串接一节电池,使电流通过被测电阻,根据电流的大小,就可测量出电阻值。改变分流电阻的阻值,就能改变电阻的量程。

4．万用表的使用方法

以 105 型指针式万用表为例,它的表盘如图 2.2.2 所示。通过转换开关的旋钮来改变测量项目和测量量程。机械调零旋钮用来保持指针在静止处在左零位。"Ω"调零旋钮用来测量电阻时使指针对准右零位,以保证测量数值准确。

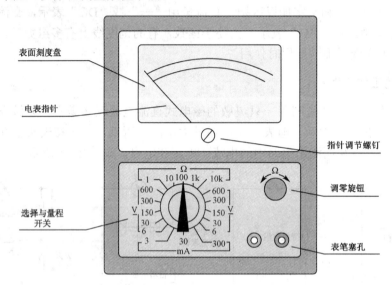

图 2.2.2　万用表的表盘

105 型万用表的测量范围如下:

直流电压:分 5 挡,0~6 V、0~30 V、0~150 V、0~300 V、0~600 V。
交流电压:分 5 挡,0~6 V、0~30 V、0~150 V、0~300 V、0~600 V。
直流电流:分 3 挡,0~3 mA、0~30 mA、0~300 mA。
电阻:分 5 挡,$R\times 1$；$R\times 10$；$R\times 100$；$R\times 1$ k；$R\times 10$ k。

测量电阻:先将表笔搭在一起短路,使指针向右偏转转,随即调整"Ω"调零旋钮,使指针恰好指到 0。然后将两根表笔分别接触被测电阻（或电路）两端,读出指针在欧姆刻度线（第一条线）上的读数,再乘以该挡标的数字,就是所测电阻的阻值。例如用 $R\times 100$ 挡测量电阻,指针指在 80,则所测得的电阻值为 $80\times 100=8$ kΩ。由于"Ω"刻度线左部读数较密,难于看准,所以测量时应选择适当的欧姆挡。使指针在刻度线的中部或右部,这样读数比较清楚准确。每次换挡,都应重新将两根表笔短接,重新调整指针到零位,才能测准,如图 2.2.3 所示。

测量直流电压:如图 2.2.4 所示,首先估计一下被测电压的大小,然后将转换开关拨至适当的直流电压量程,将正表笔接被测电压"+"端,负表笔接被测量电压"-"端。然后根据该挡量程数字与标直流符号"DC"刻度线（第二条线）上的指针所指数字,来读出被测电压的大小。如用直流 300 V 挡测量,可以直接读 0~300 V 的指示数值。如用 30 V 挡测量,只要将刻度线上 300 这个数字去掉一个"0",看成是 30,再依次把 200、100 等数字看成是 20、10 即可直接读出指针指示数值。例如用 6 V 挡测量直流电压,指针指在 15,则所测得电压为 1.5 V。

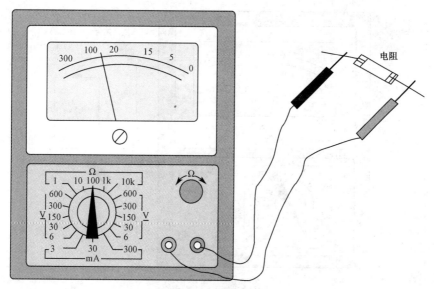

图 2.2.3 测量电阻

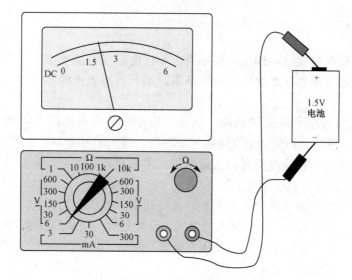

图 2.2.4 测量直流电压

测量直流电流：如图 2.2.5 所示，先估计一下被测电流的大小，然后将转换开关拨至合适的 mA 量程，再把万用表串接在电路中。同时观察标有直流符号"DC"的刻度线，如电流量程选在 3 mA 挡，这时，应把表面刻度线上 300 的数字，去掉两个"0"，看成 3，又依次把 200、100 看成是 2、1，这样就可以读出被测电流数值。例如用直流 3 mA 挡测量直流电流，指针在 100，则电流为 1 mA。

测量交流电压：测交流电压的方法与测量直流电流相似，所不同的是因交流电没有正、负之分，所以测量交流电压时，表笔也就不用分正、负了。读数方法与上述的测量直流电流的读法一样，只是数字应看标有交流符号"AC"的刻度线上的指针位置。

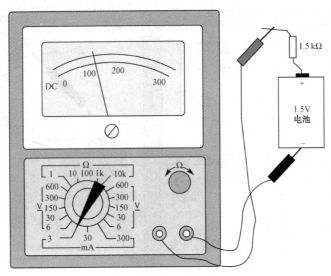

图 2.2.5 直流电流

万用表是比较精密的仪器，如果使用不当，不仅会造成测量不准确且极易损坏。但是，只要掌握万用表的使用方法和注意事项，谨慎从事，那么万用表就能经久耐用。使用万用表时应注意如下事项。

（1）测量电流与电压不能旋错挡位。如果误用电阻挡或电流挡去测电压，就极易烧坏电表。万用表不用时，最好将挡位旋至交流电压最高挡，避免因使用不当而损坏。

（2）测量直流电压和直流电流时，注意极性，不要接错。如发现指针反转，应立即调换表笔，以免损坏指针及表头。

（3）如果不知道被测电压或电流的大小，应先用最高挡，而后再选用合适的挡位来测试，以免表针偏转过度而损坏表头。所选用的挡位越靠近被测值，测量的数值就越准确。

（4）测量电阻时，不要用手触及元器件的裸体的两端（或两支表笔的金属部分），以免人体电阻与被测电阻并联，使测量结果不准确。

（5）测量电阻时，如将两支表笔短接，调"零欧姆"旋钮至最大，指针仍然达不到 0 点，这种现象通常是由于表内电池电压不足造成的，应换上新电池方能准确测量。

（6）万用表不用时，不要旋在电阻挡，因为内有电池，如不小心使两根表笔相碰短路，不仅耗费电池，严重时甚至会损坏表头。

第2步　万用表的装配与调试

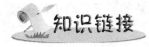

万用表由 5 个部分组成：公共显示部分、直流电流部分、直流电压部分、交流电压部分和

电阻部分。线路板上每个挡位的分布:上面为交流电压挡,左边为直流电压挡,下面为直流电流挡,右边是电阻挡。

1. 万用表的装配

第一步,清点材料。按照材料清单一一对应,记清每个元器件的名称和外形。打开时要小心,不要将塑料袋撕破,以免材料丢失。清点材料时可将表箱后盖当容器,将所有东西都放在里面。清点完后请将材料放回塑料袋备用,暂时不用的放在塑料袋里。

第二步,对二极管、电容、电阻的认识。

第三步,焊接前的准备工作。焊接时先将电烙铁在线路板上加热,大约两秒后,送焊锡丝,观察焊锡量的多少,不能太多,造成堆焊,也不能太少,造成虚焊。当焊锡熔化,发出光泽时焊接温度最佳,焊好后应立即将焊锡丝移开,再将电烙铁移开。为了在加热中使加热面积最大,要将烙铁头的斜面靠在元器件引脚上,烙铁头的顶尖抵在线路板的焊盘上,焊点高度一般在 2 mm 左右,直径应与焊盘一致,引脚应高出焊点大约 0.5 mm,焊点的正确形状如图 2.2.6 所示。

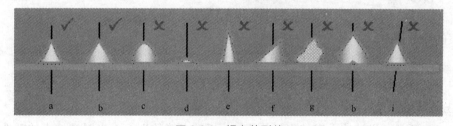

图 2.2.6 焊点的形状

焊点 a 一般焊接比较牢固,焊点 b 为理想状态,一般不易焊出这样的形状,焊点 c 焊锡较多,当焊盘较小时,可能会出现这种情况,但是往往有虚焊的可能,焊点 d、e 焊锡太少,焊点 f 提烙铁时方向不对,造成焊点形状不规则,焊点 g 烙铁温度不够,焊点成碎渣状,这种情况多数为虚焊,焊点 h 焊盘与焊点之间有缝隙为虚焊或者接触不良,焊点 i 引脚放置歪斜。一般形状不正确的焊点,元器件多数没有焊接牢固,一般为虚焊点,应重焊。

第四步,元器件的焊接与安装。对照发的图纸上的电路图,按直流电流挡、直流电压挡、交流电压挡、电阻挡的顺序依次安装好四部分电路。

第五步,机械部件的安装调整。安装结束以后,老师需要让学生学会排除万用表的故障。比如表针没任何反应,表头、表笔损坏,接线错误,熔丝没装或损坏,电池极板装错,如果将两种电池极板装反位置,电池两极无法与电池极板接触,电阻挡就无法工作,电刷装错,电压指针反偏,这种情况一般是表头引线极性接反,如果 DCA、DCV 正常,ACV 指针反偏,则为二极管 VD_1 接反,测电压示值不准,这种情况一般是焊接有问题,应对被怀疑的焊点重新处理。

2. 电路调试及数据处理

电表的校正,是使被校电表与标准表同时测量一定的电流(或电压),看其指示值与相应的标准值(从标准表读得)是否相等或是否在允许的范围内。

1）检验直流电流表

如图 2.2.7 所示，抽取 4 个点，电流表的读数是依次是 8.30、12.50、20.60、36.50，对应的表头读数依次是 8.80、12.80、21.00、37.10。

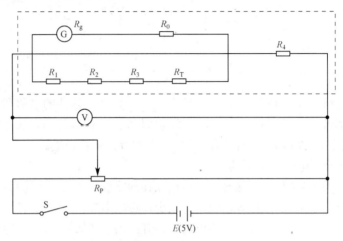

图 2.2.7　检验直流电流表

其中最大绝对误差

$$\Delta_{\max} = |36.50 - 37.10| = 0.6$$

被校表的标准误差

$$a\% \geq \frac{\Delta_{\max}}{X_{\max}} \times 100\% = \frac{0.6}{75} \times 100\% = 0.8\% \quad (X_{\max} 为 75 \text{ mA})$$

2）检验直流电压表

如图 2.2.8 所示，设被校电表的指示值为 I，标准表读数为 I_0。当对被校表的整个刻度上等间隔的 n 个校正点进行校正时便可获得一组相应的数据 I_i 和 I_0（$i=1、2、\cdots n$），以及各个校正点的偏差 $\Delta I_i = I_{0i} - I_i$，把 n 个 ΔI_i 中绝对值最大的一个作为最大绝对误差，得到被校表的标称：

$$标准误差 = \frac{最大绝对误差}{量程} \times 100\%$$

根据标称误差的大小，可定出被校表的精确度、等级。例如 0.5%<标准误差≤1%，则该表为 1.0 级。

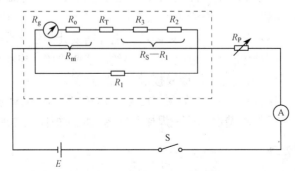

图 2.2.8　检验直流电压表

电表的校正结果，除用精确度等级表示外，还用校正曲线表示。以 I 为横坐标，以偏差 ΔI 为纵坐标，根据数据 ΔI_i 和 I_i 作出呈折线状的图线，如图 2.2.9 所示。

使用电表时，可根据校正曲线查出指示值的偏差，对被校表的读数进行修正，得到较准确的结果。

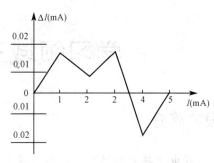

图 2.2.9 校正曲线

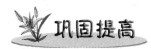

1. 用万用表 50 mA 挡去测直流 50 V 电压将会产生什么后果？为什么？

2. 用欧姆表能否测量电源的内阻或灵敏电流计的内阻？为什么？

3. 已知表头参数：1 mA、160 Ω，设计一个万用表（部分）测量电路，要求能测量 5 V、50 V 直流电压和 10 mA、100 mA 直流电流。

学习领域三　过电流保护电路

领域简介

在电工技术领域中，磁跟电是不可分的，广泛使用的各种机电设备、仪器、仪表等，都是磁与电的统一体。因此，掌握磁场性能及有关物理量，了解干簧管和电磁继电器，学会制作过电流保护电路，对今后深入学习专业知识具有非常重要的意义。

项目1　感知磁场磁路

学习目标

- ◇ 理解磁场的基本概念，会判断载流长直导体与螺线管导体周围磁场的方向，了解其在工程技术中的应用
- ◇ 了解磁通的物理概念，了解其在工程技术中的应用，掌握左手定则
- ◇ 了解磁场强度、磁感应强度和磁导率的基本概念和相互关系
- ◇ 了解磁路和磁通势的概念；了解主磁通和漏磁通的概念；了解磁阻的概念，了解影响磁阻的因素
- ◇ 了解磁化现象，能识读起始磁化曲线、磁滞回线、基本磁化曲线，了解常用磁性材料
- ◇ 了解消磁和充磁的原理和方法
- ◇ 了解磁滞、涡流损耗产生的原因及降低损耗的方法

工作任务

- ◇ 掌握磁场性能与相关物理量
- ◇ 认识铁磁性材料，学会简单的消磁和充磁方法

第1步　感知磁场

在日常学习、生活中，大家使用较多的电器有收录机。收录机用于记录声音的元器件是磁头和磁带。磁头由环形铁芯、绕在铁芯两侧的线圈和工作气隙组成。环形铁芯由软磁材料制成。收录机中的磁头包括录音磁头和放音磁头。声音的录音原理是利用了磁场的特点与性质，

首先将声音变成电信号，然后将电信号记录在磁带上；放音原理同样利用磁场的特点与性质，再将记录在磁带上的电信号变换成声音播放出来。

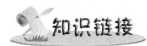

1. 磁场的方向和性质

我们把具有磁性的物质叫做磁体，磁体的周围存在着磁场，电流的周围也存在着磁场。磁体的磁场和电流的磁场一样，都是电荷的运动产生的。磁体与磁体之间、电流与磁体之间、电流与电流之间的相互作用都是通过磁场发生的。

磁场有方向性。把一些小的磁针放在条形磁铁的周围，可以看到，这些小磁针静止的时候，不再指向南北。而且，不同位置的小磁针，北极所指的方向是不同的，如图 3.1.1 所示。

规定在磁场中的任一点，小磁针静止时其北极受力的方向，就是那一点的磁场方向。

为了形象地描绘磁场，引出磁力线这一概念。如果把一些小磁针放在一根条形磁铁附近，那么在磁场的作用下，磁针将排列成图 3.1.2（a）所示的形状。

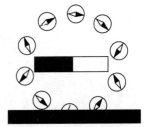

图 3.1.1　磁场的方向

连接小磁针在各点 N 极的指向，就构成一条由 N 极指向 S 极的光滑曲线，曲线上任意点的切线方向都与该点的磁场方向相同，如图 3.1.2（b）所示，称此曲线为磁力线。而且规定，在磁体外部磁力线的方向是由 N 极出发进入 S 极；在磁体内部磁力线的方向是由 S 极到达 N 极。

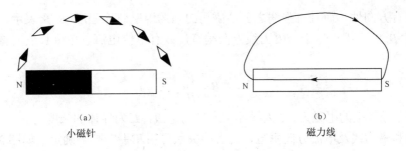

（a）
小磁针

（b）
磁力线

图 3.1.2　磁力线

2. 电流的磁场

产生磁场的根本原因是电流。因此电流和磁场有着不可分割的联系，磁场总是伴随电流而存在，而电流则永远被磁场包围着。

1）电流产生磁场

在图 3.1.3 中，在小磁针上面放一根通电直导体，结果小磁针会转动，停止在垂直于导体的位置；若中断导体的电流，小磁针将恢复到原来位置；若改变电流的方向，小磁针会反向转动。所以，实验表明通电导体周围有磁场存在。永久磁铁周围也有磁场存在，只不过它的磁场是由分子电流所产生的。

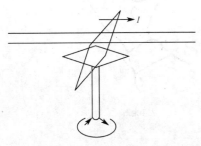

图 3.1.3　电流产生磁场

磁场具有两个基本性质：一是磁场对处在场内的另一载流导体或铁磁物质有力的作用，并能在对磁场有相对运动的导体中产生感应电动势；二是磁场具有能量。

2）电流磁场方向的判定

载流导体周围的磁场方向与产生该磁场的电流方向有关，可用右手螺旋定则来确定电流磁场的方向。

载流直导体如图 3.1.4（a）所示，右手握直导体，大拇指指向电流方向，弯曲四指的指向即是磁场方向。

螺线管导体如图 3.1.4（b）所示，右手握螺线管，弯曲四指表示电流方向，拇指所指方向即是磁场方向。

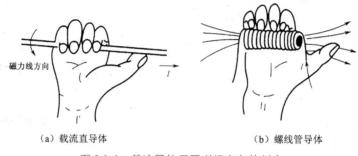

（a）载流直导体　　　　　　（b）螺线管导体

图 3.1.4　载流导体周围磁场方向的判定

3. 磁场的主要物理量

1）磁感应强度

磁场不仅有方向性，而且有强弱之分。磁场的强弱用磁感应强度 B 来表示，规定磁场中各点磁感应强度 B 的大小，等于与磁力线方向垂直，载有单位电流、单位长度的直导体在该点受到的电磁力。

$$B = \frac{F}{IL}$$

F 为作用在导体上的电磁力，I 为导体中通过的电流，L 为导体的长度。

力的方向和磁力线及电流方向垂直，三者的关系可用左手定则来确定，如图 3.1.5 所示。

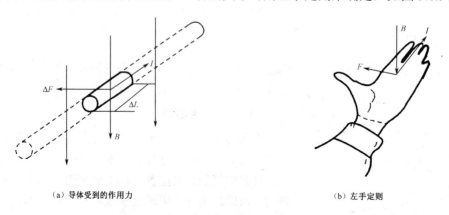

（a）导体受到的作用力　　　　　　（b）左手定则

图 3.1.5　磁场对载流导体的作用力

磁感应强度 B 的单位由 F、I 和 L 的单位决定。在国际单位制中，磁感应强度的单位是特斯拉，简称特，用字母 T 表示。1 m 长的导线，通过 1 A 的电流，受到的磁场力是 1 N 时，磁感应强度就是 1 T。

$$1T = 1N/A \cdot m$$

磁感应强度是矢量，磁场中某处磁感应强度的方向就是该处的磁场方向。若磁场中各点磁感应强度大小方向完全相同时，这种磁场叫做均匀磁场。

2) 磁通

在均匀磁场中，磁感应强度与垂直于磁感应强度方向的某一面积的乘积称为磁通。也可以认为，磁通就是通过与磁场方向垂直的某一面积上的磁力线总数，用 Φ 表示，单位是韦伯（Wb）。

$$\Phi = BA \quad 或 \quad B = \Phi / A$$

当面积一定时，如果通过的磁通越多，则磁场越强。所以磁感应强度又称磁通密度。

3) 磁导率

实验证明，处于磁场中的任何物质对磁场的影响有所不同，影响的程度与物质的导磁性能有关。引入磁导率来表示物质的导磁性能。磁导率用字母 μ 表示，单位是亨/米（H/m）。试验测得真空的磁导率 $\mu_0 = 4\pi \times 10^{-7}$ H/m 为常数。

把任一物质磁导率与真空中磁导率的比值叫做相对磁导率，用 μ_r 表示。根据物质磁导率不同，可以把物质分为两大类：

$\mu_r \approx 1$ 的物质叫做非铁磁性物质，如空气、铜、锡等。这类物质的磁导率接近于真空磁导率 μ_0。

$\mu_r \gg 1$ 的物质叫做铁磁性物质，如铁、钴、镍等。这些物质磁导率远远大于 1，往往比在真空中产生的磁场高出几千甚至几万倍以上，如硅钢片 $\mu_r = 7500$，玻莫合金 μ_r 高达几万甚至十万以上，所以铁磁物质广泛用于制造电磁铁、变压器和交流发电机等电气设备的铁芯。

4) 磁场强度

磁场中各点磁感应强度的大小与介质的性质有关，因此使磁场的计算显得比较复杂。为了简化计算，便引入磁场强度 H，一个与周围介质无关的物理量。在磁场中，各点磁场强度的大小只与电流的大小和导体的形状有关，而与介质的性质无关。H 的方向与 B 相同，在数值上

$$B = \mu H$$

H 的单位为安/米（A/m）。

磁化水

水经过一定强度的磁场，就成为了"磁化水"。目前研究表明水磁化后会产生物理化学性质的变化，其中的机理尚不能肯定。一些学者认为磁场会破坏水过去的结构，使过去较大的缔合水分子集团变成较小的缔合水分子集团，甚至是单个分子。而且分子中的氢键也会有部分因为洛仑兹力的作用正负离子反方向旋转而断裂。所以磁化后的水会表现出一些性质的变化，如 pH 值、密度、挥发性、溶解性、表面张力、电导率、沸点、冰点都有不一样的改变，这种改变和

所加的磁场大小有密切的关系。磁化水因为其特殊的性质已经被广泛的应用于工程。

早在 13 世纪，人们已经注意到磁化水的医疗作用。1945 年比利时韦梅朗应用磁化水减少锅垢获得成功并申请了专利。该技术由于装置简单，不需要任何化学试剂而被美国、日本和前苏联广泛应用并得到成长。我国的磁化水研究开始于 20 世纪 60 年代初，以前由于化学法水质稳定剂技术的迅速成长，使得磁水器应用推广较慢。现在这一技术又重新获得重视。应用对象已经涉及建材、化工、冶金、农业、医学等各个领域。在工业锅炉的除垢防垢、油田的防蜡降粘、医学上的磁疗等领域中的应用取得了一定的成就。近年来，如何将磁化效应与环境污染治理技术结合起来，提高污水的处理效果已逐渐引起人们的兴趣。

第 2 步　感知磁路的物理量

知识链接

1. 磁路的基本概念

在图 3.1.6 中，当线圈中通以电流后，大部分磁感线（磁通）沿铁芯、衔铁和工作气隙构成回路，这部分磁通叫做主磁通。还有一小部分磁通，它们没有经过工作气隙和衔铁，而经空气自成回路，这部分磁通叫做漏磁通。

磁通经过的闭合路径叫做磁路。磁路也像电路一样，分为有分支磁路（图 3.1.7）和无分支磁路（图 3.1.6）。在无分支磁路中，通过每一个横截面的磁通都相等。

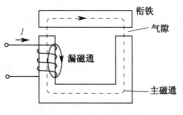　　　　　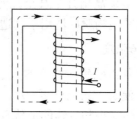

图 3.1.6　无分支磁路　　　　　图 3.1.7　有分支磁路

2. 磁路的欧姆定律

1）磁通势

通电线圈要产生磁场，但磁场的强弱与什么因素有关呢？电流是产生磁场的原因，电流越大，磁场越强，磁通越多；通电线圈的每一匝都要产生磁通，这些磁通是彼此相加的（可用右手螺旋法则判定），线圈的匝数越多，磁通也就越多。因此，线圈所产生磁通的数目，随着线圈匝数和所通过的电流的增大而增加。换句话说，通电线圈产生的磁通与线圈匝数和所通过的电流的乘积成正比。

通过线圈的电流和线圈匝数的乘积，叫做磁通势（也称磁动势），用符号 F_m 表示，单位是 A（安）。如用 N 表示线圈的匝数，I 表示通过线圈的电流，则磁通势可写成

$$F_m = IN$$

2）磁阻

电路中有电阻，电阻表示电流在电路中所受到的阻碍作用。与此类似，磁路中也有磁阻，表示磁通通过磁路时所受到的阻碍作用，用符号 R_m 表示。

与导体的电阻相似，磁路中磁阻的大小与磁路的长度 l 成正比，与磁路的横截面积 S 成反比，并与组成磁路的材料的性质有关，写成公式为

$$R_m = \frac{l}{\mu S}$$

上式中，若磁导率 μ 以 H/m 为单位，则长度 l 和截面积 S 要分别以 m 和 m² 为单位，这样磁阻 R_m 的单位就是 1/H。

3）磁路的欧姆定律

由上述可知，通过磁路的磁通与磁通势成正比，而与磁阻成反比，其公式为

$$\Phi = \frac{F_m}{R_m}$$

上式与电路的欧姆定律相似，磁通对应于电流，磁通势对应于电动势，磁阻对应于电阻，故叫做磁路的欧姆定律。

从上面的分析可知，磁路中的某些物理量与电路中的某些物理量有对应关系，同时磁路中某些物理量之间与电路中某些物理量之间也有相似的关系。

图 3.1.8 是相对应的两种电路和磁路，表 3.1.1 列出磁路与电路对应的物理量及其关系式。

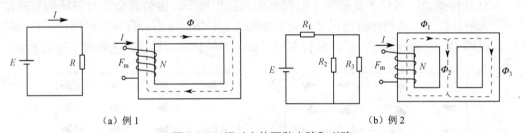

(a) 例 1　　　　　　　　　　　　　　(b) 例 2

图 3.1.8　相对应的两种电路和磁路

表 3.1.1　磁路与电路对应的物理量及其关系式

电　路	磁　路
电流 I	磁通 Φ
电阻 $R = \rho \dfrac{l}{S}$	磁阻 $R_m = \dfrac{l}{\mu S}$
电阻率 ρ	磁导率 μ
电动势 E	磁动势 $F_m = IN$
电路欧姆定律 $I = \dfrac{E}{R}$	磁路欧姆定律 $\Phi = \dfrac{F_m}{R_m}$

第3步 感知铁磁性材料

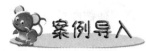

变压器中有硅钢片叠成的铁芯,电机的绕组嵌放在由硅钢片叠成的铁芯槽内。硅钢片是高导磁率(磁阻低)的铁磁性材料,能使磁通绝大部分通过由硅钢片叠成的铁芯而形成闭合回路。铁磁性物质如何被磁化?还具有哪些特性?

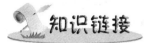

1. 铁磁性物质的磁化

本来不具有磁性的物质,由于受磁场的作用而具有了磁性的现象叫做该物质被磁化。只有铁磁性物质才能被磁化,而非铁磁性物质是不能被磁化的。

铁磁性物质能够被磁化的内因,是因为铁磁性物质是由许多被叫做磁畴的磁性小区域所组成的,每一个磁畴相当于一个小磁铁,在无外磁场作用时,磁畴排列杂乱无章,如图 3.1.9(a)所示,磁性互相抵消,对外不显磁性。但在外磁场的作用下,磁畴就会沿着磁场的方向做取向排列,形成附加磁场,从而使磁场显著增强,如图 3.1.9(b)所示。有些铁磁性物质在去掉外磁场以后,磁畴的一部分或大部分仍然保持取向一致,对外仍显示磁性,这就成了永久磁铁。

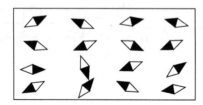
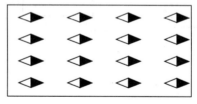

(a) 杂乱无章　　　　　　　　(b) 取向排列

图 3.1.9　磁化

铁磁性物质被磁化的性能,广泛地应用于电子和电气设备中。例如,变压器、继电器、电机等,采用相对磁导率高的铁磁性物质作为绕组的铁芯,可使同样容量的变压器、继电器和电机的体积大大缩小,质量大大减轻;半导体收音机的天线线圈绕在铁氧体磁棒上,可以提高收音机的灵敏度。

各种铁磁性物质,由于其内部结构不同,磁化后的磁性各有差异,下面通过分析磁化曲线来了解各种铁磁性物质的特性。

2. 磁化曲线

铁磁性物质的 B 随 H 而变化的曲线叫做磁化曲线,又称 B-H 曲线。

图 3.1.10(a)给出了测定磁化曲线的实验电路。将待测的铁磁物质制成圆环形,线圈密绕于环上。励磁电流由电流表测得,磁通由磁通表测得。

实验前，待测的铁芯是去磁的（即当 H=0 时 B=0）。实验开始，接通电路，使电流 I 由零逐渐增加，即 H 由零逐渐增加，B 随之变化。以 H 为横坐标、B 为纵坐标，将多组 B-H 对应值逐点描出，就是磁化曲线，如图 3.1.10（b）所示。由图可见，B 与 H 的关系是非线性的，即 $\mu = B/H$ 不是常数。

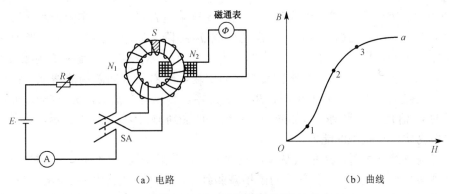

（a）电路　　　　　　　　（b）曲线

图 3.1.10　测定磁化曲线

在 B-H 曲线起始的一段（0～1 段），曲线上升缓慢，这是由于磁畴的惯性，当 H 从零值开始增大时，B 增加较慢，这一段叫做起始磁化段。在曲线的 1～2 段，随着 H 的增大，几乎是直线上升，这是由于磁畴在外磁场作用下大部分都趋向 H 的方向，B 增加很快，曲线较陡，叫做直线段。在曲线的 2～3 段，随着 H 的增加，B 的上升又比较缓慢了，这是由于大部分磁畴方向已转向 H 方向，随着 H 的增加只有少数磁畴继续转向，B 的增加变慢。到达 3 点以后，磁畴几乎全部转到外磁场方向，再增大 H 值，也几乎没有磁畴可以转向了，曲线变得平坦，叫做饱和段，这时的磁感应强度叫做饱和磁感应强度。不同的铁磁性物质，B 的饱和值是不同的，但对每一种材料，B 的饱和值却是一定的。对于电机和变压器，通常都是工作在曲线的 2～3 段（即接近饱和的地方）。

由于磁化曲线表示了媒介质中磁感应强度 B 和磁场强度 H 的函数关系，所以，若已知 H 值，就可以通过磁化曲线查出对应 B 值。因此，在计算介质中的磁场问题时，磁化曲线是一个很重要的依据。图 3.1.11 所示的是几种不同铁磁性物质的磁化曲线。从曲线上可以看出，在相同的磁场强度 H 下，硅钢片的 B 值最大，铸铁的 B 值最小，说明硅钢片比铸铁的导磁性能好得多。

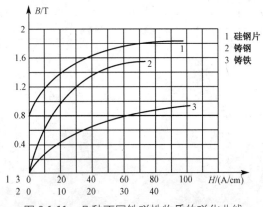

图 3.1.11　几种不同铁磁性物质的磁化曲线

3. 磁滞回线

上面讨论的磁化曲线，只是反映了铁磁性物质在外磁场由零逐渐增强时的磁化过程。但在很多实际应用中，铁磁性物质是工作在交变磁场中的，所以，有必要研究铁磁性物质反复交变磁化的问题。

当 B 随 H 沿起始磁化曲线达到饱和值以后，逐渐减小 H 的数值，实验表明，这时 B 并不沿起始磁化曲线减小，而是沿另一条在它上面的曲线 ab 下降，如图 3.1.12 所示。当 H 减至零时，B 值不等于零，而是保留一定的值叫做剩磁，用 B_r 表示，永久磁铁就是利用剩磁很大的铁磁性物质制成的。为了消除剩磁，必须外加反方向的磁场，随着反方向磁场的增强，铁磁性物质逐渐退磁，当反向磁场增大到一定的值时，B 值变为零，剩磁完全消失，bc 这一段曲线叫做退磁曲线。这时的 H 值是为克服剩磁所加的磁场强度，叫做矫顽磁力，用 H_c 表示。矫顽磁力的大小反映了铁磁性物质保存剩磁的能力。

当反向磁场继续增大时，B 值就从零起改变方向，并沿曲线 cd 变化，铁磁性物质的反向磁化同样能达到饱和点 d。此时，若使反向磁场减弱到零，B-H 曲线将沿 de 变化，在 e 点 $H=0$。再逐渐增大正向磁场，B-H 曲线将沿 efa 变化而完成一个循环。从整个过程看，B 的变化总是落后于 H 的变化，这种现象叫做磁滞现象。经过多次循环，可以得到一个封闭的对称于原点的闭合曲线（$abcdefa$），叫做磁滞回线。

如果在线圈中改变交变电流幅值的大小，那么交变磁场强度 H 的幅值也将随之改变。在反复交变磁化中，可相应得到一系列大小不一的磁滞回线，连接各条对称的磁滞回线的顶点，得到的一条曲线叫做基本磁化曲线，如图 3.1.13 所示。由于大多数铁磁性物质是工作在交变磁场的情况下，所以，基本磁化曲线很重要。一般资料中的磁化曲线都是指基本磁化曲线。

铁磁性物质的反复交变磁化，会损耗一定的能量，这是由于在交变磁化时，磁畴要来回翻转，在这个过程中，产生了能量损耗，这种损耗叫做磁滞损耗。磁滞回线包围的面积越大，磁滞损耗就越大。所以，剩磁和矫顽磁力越大的铁磁性物质，磁滞损耗就越大。因此，磁滞回线的形状经常被用来判断铁磁性物质的性质和作为选择材料的依据。

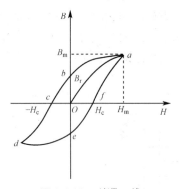

图 3.1.12　磁滞回线

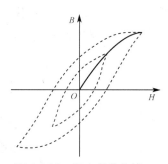

图 3.1.13　基本磁化曲线

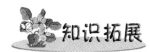

1. 常用的磁性材料

以前是用铁镍合金，后来多用铁氧体，再高档一些的用铁钕合金。

2. 消磁和充磁的原理与方法

1）消磁的原理与方法

（1）永久性消磁。比较难办，可以利用高温时分子极性排布混乱的特点。

（2）非永久性消磁。比较简单，一种是高温，另一种是用较强的磁场恰到好处地使原有的磁性消去。

（3）振荡消磁，在强烈的振荡下分子极性原有的规律性排布也会被打乱，从而消去磁性。

2）充磁的原理和方法

（1）接触充磁法。

充磁的磁源是一根磁性很强的永久磁铁，将它与被充磁铁的相反极性的两极分别接触，并连续摩擦几下，充磁就结束了。

这个方法的充磁效果较差，但作为临时充磁是很实用的。应特别注意的是，接触极性必须是异极性，否则将会使永久磁铁的磁性更加减弱。

（2）通电充磁法。

如果永久磁铁上还绕有线圈，如耳机之类的永久磁铁，可采用 6 V 干电池（如属高阻抗耳机，电压可适当提高），正极接入线圈的一端，然后用另一端碰触电池负极，如果永久磁铁的磁性增强，则再碰触几下即可；如磁性减弱，则要调换极性再充。

（3）加绕线圈充磁法。

体积较大的长柱形永久磁铁失磁后，可用漆包线在永久磁铁上绕 200 圈左右，然后将该线圈的一端接上 6 V 电池负极，线圈的另一头与电池的正极碰触几下，就能达到充磁的目的，但必须先测试永久磁铁的磁场方向是否与线圈所产生的磁场方向相一致。

3. 涡流和涡流损耗

把块状金属放在交变磁场中，金属块内将产生感应电流。这种电流在金属块内自成闭合回路，很像水的漩涡，因此叫做涡电流，简称涡流。由于整块金属电阻很小，所以，涡流很大，这就不可避免地会使铁芯发热，温度升高，引起材料绝缘性能下降，甚至破坏绝缘造成事故。铁芯发热，还使一部分电能转换成热能白白浪费，这种电能损失叫做涡流损失。

在电机、电器的铁芯中，要想完全消灭涡流是不可能的，但可以采取有效措施尽可能地减小涡流。为了减少涡流损失，电机和变压器的铁芯通常用涂有绝缘漆的薄硅钢片叠压制成。这样涡流就被限制在狭窄的薄片之内，回路的电阻很大，涡流大为减弱，从而使涡流损失大大降低。

铁芯采用硅钢片，是因为这种钢比普通钢的电阻率大，可以进一步减少涡流损失。硅钢片的涡流损失只有普通钢片的 1/5～1/4。

事物总是一分为二的，涡流在很多情况下是有害的，但在一些特殊的场合，它也可以被利用。例如，感应加热技术已经被广泛用于有色金属和特种合金的冶炼。利用涡流加热的电炉叫做高频感应炉，它的主要结构是一个与大功率的高频交流电源相接的线圈，被加热的金属就放在线圈中间的坩埚内，当线圈中通以强大的高频电流时，它产生的交变磁场能使坩埚内的金属中产生强大的涡流，发出大量的热，使金属熔化。

巩固提高

1. 判断题

（1）磁体上的两个极，一个叫做 N 极，另一个叫做 S 极，若把磁体截成两段，则一段为 N 极，另一段为 S 极。（ ）

（2）通电导体周围的磁感应强度只取决于电流的大小及导体的形状，而与媒介质的性质无关。（ ）

（3）在均匀磁介质中，磁场强度的大小与媒介质的性质无关。（ ）

（4）通电导线在磁场中某处受到的力为零，则该处的磁感应强度一定为零。（ ）

（5）两根靠得很近的平行直导线，若通以相同方向的电流，则它们互相吸引。（ ）

（6）铁磁性物质的磁导率是一常数。（ ）

（7）铁磁性物质在反复交变磁化过程中，H 的变化总是滞后于 B 的变化，叫做磁滞现象。（ ）

2. 选择题

（1）判定通电导线或通电线圈产生磁场的方向用（ ）。

　　A. 右手定则　　　B. 右手螺旋法则　　　C. 左手定则　　　D. 楞次定律

（2）如图 3.1.14 所示，两个完全一样的环形线圈相互垂直地放置，它们的圆心位于共同点 O 点，当通以相同大小的电流时，O 点处的磁感应强度与一个线圈单独产生的磁感应强度之比是（ ）。

　　A. $\sqrt{2}:1$　　　B. 1:1　　　C. 2:1　　　D. 1:2

（3）下列与磁导率无关的物理量是（ ）。

　　A. 磁感应强度　　　B. 磁通　　　C. 磁场强度　　　D. 磁阻

（4）铁、钴、镍及其合金的相对磁导率（ ）。

　　A. 略小于 1　　　B. 略大于 1　　　C. 等于 1　　　D. 远大于 1

（5）如图 3.1.15 所示，直线电流与通电矩形线圈同在纸面内，线框所受磁场力的方向为（ ）。

　　A. 垂直向上　　　B. 垂直向下　　　C. 水平向左　　　D. 水平向右

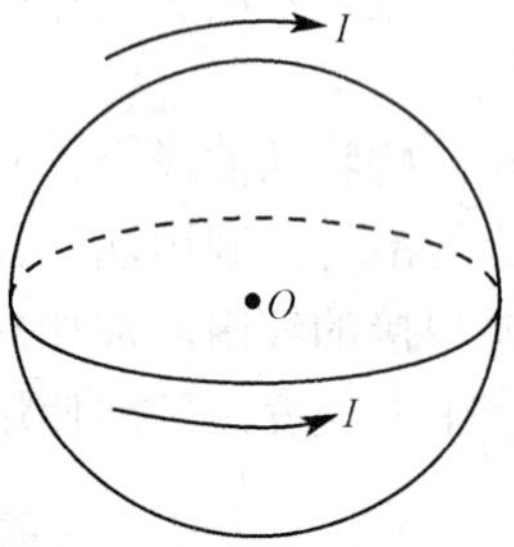

图 3.1.14　题图

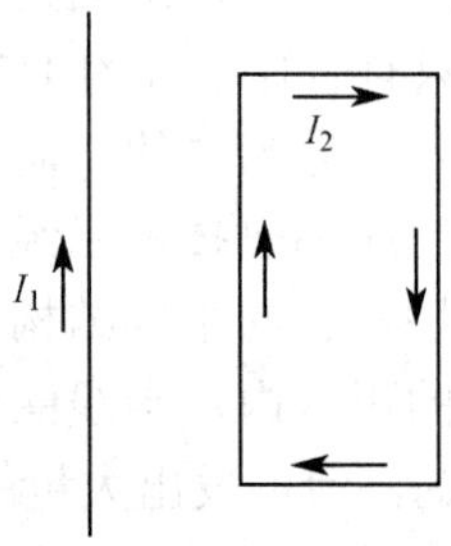

图 3.1.15　题图

(6) 在匀强磁场中，原来载流导线所受的磁场力为 F，若电流增加到原来的两倍，而导线的长度减少一半，这时载流导线所受的磁场力为（　　）。

  A．F   B．F/2   C．2F   D．4F

(7) 如图 3.1.16 所示，处在磁场中的载流导线，受到的磁场力的方向应为（　　）。

  A．垂直向上   B．垂直向下
  C．水平向左   D．水平向右

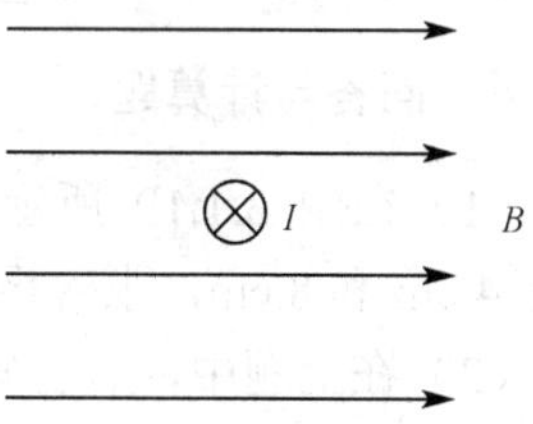

(8) 空心线圈被插入铁芯后（　　）。

  A．磁性将大大增强   B．磁性将减弱
  C．磁性基本不变   D．不能确定

图 3.1.16　题图

(9) 为减小剩磁，电磁线圈的铁芯应采用（　　）。

  A．硬磁性材料   B．非磁性材料   C．软磁性材料   D．矩磁性材料

(10) 铁磁性物质的磁滞损耗与磁滞回线面积的关系是（　　）。

  A．磁滞回线包围的面积越大，磁滞损耗也越大
  B．磁滞回线包围的面积越小，磁滞损耗越大
  C．磁滞回线包围的面积大小与磁滞损耗无关
  D．以上答案均不正确

3．填空题

(1) 磁场与电场一样，是一种_____，具有_____和_____的性质。

(2) 磁感线的方向：在磁体外部由_____指向_____；在磁体内部由_____指向_____。

(3) 如果在磁场中每一点的磁感应强度大小_____，方向_____，这种磁场叫做匀强磁场。在匀强磁场中，磁感线是一组_____。

(4) 描述磁场的四个主要物理量是_____、_____、_____和_____；它们的符号分别是____、____、____和____；它们的国际单位分别是_____、_____、_____和_____。

(5) 在图 3.1.17 中，当电流通过导线时，导线下面的磁针 N 极转向读者，则导线中的电流方向为_____。

(6) 图 3.1.18 中，电源左端应为____极，右端应为____极。

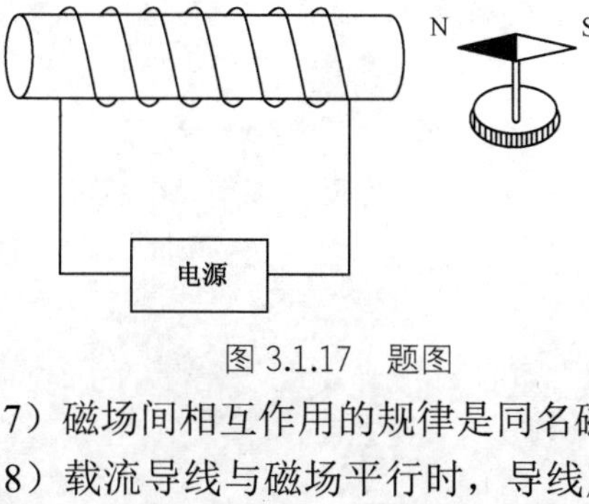

图 3.1.17　题图 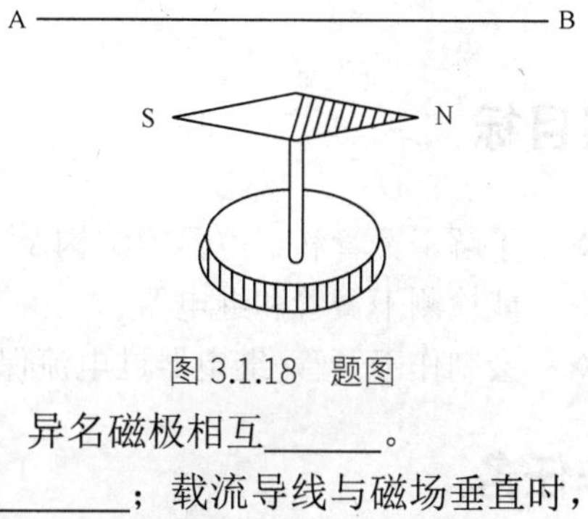　　　　　　图 3.1.18　题图

(7) 磁场间相互作用的规律是同名磁极相互_____，异名磁极相互_____。

(8) 载流导线与磁场平行时，导线所受磁场力为_____；载流导线与磁场垂直时，导线所受磁场力为_____。

（9）铁磁性物质在磁化过程中，_____和_____的关系曲线叫做磁化曲线。当反复改变励磁电流的大小和方向，所得闭合的 B 与 H 的关系曲线叫做_____。

（10）所谓磁滞现象，就是_____的变化总是落后于_____的变化；而当 H 为零时，B 却不等于零，叫做_____现象。

4．问答与计算题

（1）在图 3.1.19 所示的匀强磁场中，穿过磁极极面的磁通 $\Phi = 3.84 \times 10^{-2}$ Wb，磁极边长分别是 4 cm 和 8 cm，求磁极间的磁感应强度。

（2）在上题中，若已知磁感应强度 $B = 0.8$ T，铁芯的横截面积是 20 cm²，求通过铁芯截面中的磁通。

（3）在匀强磁场中，垂直放置一横截面积为 12 cm² 的铁芯，设其中的磁通为 4.5×10^{-2} Wb，铁芯的相对磁导率为 5000，求磁场的磁场强度。

（4）把 30 cm 长的通电直导线放入匀强磁场中，导线中的电流是 2 A，磁场的磁感应强度是 1.2 T，求电流方向与磁场方向垂直时导线所受的磁场力。

（5）在磁感应强度是 0.4 T 的匀强磁场里，有一根和磁场方向相交成 60°、长 8 cm 的通电直导线 ab，如图 3.1.20 所示。磁场对通电导线的作用力是 0.1 N，方向和纸面垂直指向读者，求导线里电流的大小和方向。

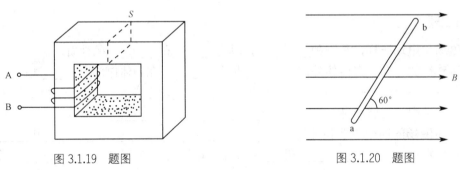

图 3.1.19　题图　　　　　　　　　　图 3.1.20　题图

（6）有一空心环形螺旋线圈，平均周长 30 cm，截面的直径为 6 cm，匝数为 1000 匝。若线圈中通入 5 A 的电流，求这时管内的磁通。

项目 2　过电流保护电路的制作

学习目标

◇　了解干簧管和继电器的结构及工作原理
◇　能检测干簧管和继电器
◇　会制作干簧管-继电器过电流保护电路

工作任务

◇　分析测试干簧管

- ◇ 检测电磁式继电器
- ◇ 设计制作简单的继电器电路

第1步 继电器和干簧管的分析测试

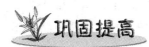 巩固提高

1. 继电器的种类

继电器的种类较多，主要有电磁式继电器、舌簧式继电器、启动继电器、限时继电器、直流继电器、交流继电器等。但应用于电子电路的，用得最广泛的就是电磁式继电器。下面以电磁式继电器为例说明继电器的结构和工作原理。

电磁式继电器是各种继电器的基础，它主要由铁芯、线圈、动触片、静触片、衔铁、返回弹簧等几部分组成，其结构如图 3.2.1 所示。

2. 电磁式继电器的工作原理

在线圈两端加上一定的电压，线圈中就会流过一定的电流，由于电磁效应，线圈产生磁

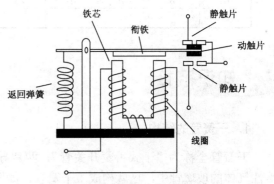

图 3.2.1　电磁式继电器结构示意图

场并磁化其中间的铁芯，衔铁就会在电磁吸引力的作用下克服返回弹簧的拉力吸合向铁芯，从而带动与衔铁相连的动触片动作，使原来断开的触点（常开触点）闭合，原来闭合的触点（常闭触点）打开。当线圈断电后，电磁的吸力也随之消失，衔铁就会在弹簧的反作用力作用下返回原来的位置，动触片复位，使通电闭合的触点（常开触点）断开，通电断开的触点（常闭触点）闭合。

对于继电器的"常开、常闭"触点，可以这样来区分：继电器线圈未通电时处于断开状态的触点，称为"常开触点"；线圈未通电时处于接通状态的触点称为"常闭触点"。

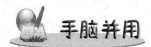 手脑并用

电磁式继电器的测试

1. 器材准备

（1）电磁式继电器 1 只；
（2）电流表 1 只；
（3）电源 1 组；
（4）滑线式变阻器 1 只；

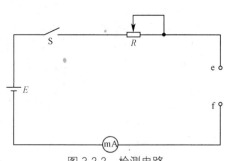

图 3.2.2 检测电路

(5) 开关 1 个；

(6) 导线若干。

2．测试步骤

(1) 现给定的继电器有五个接线端子，用不干胶给五个端子做上临时标签"1"、"2"、"3"、"4"和"5"。

(2) 对照图 3.2.2 连接检测电路（连接电路时 S 要打开，R 置最大）。

(3) 调节 R 置适当值（由老师确定），将继电器的五个端子两两接入图 3.2.2 中的 ef 端口，分别闭合 S，读出毫安表的读数，填入表 3.2.1 中。

表 3.2.1 记录表

I_{12}	I_{13}	I_{14}	I_{15}	I_{23}	I_{24}	I_{25}	I_{34}	I_{35}	I_{36}

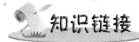

1．干簧管的结构

干簧管全称为"干式舌簧开关管"，两片导磁又导电的材料做成的簧片平行地封入充有某种惰性气体的玻璃管中，这就构成了干簧管，如图 3.2.3 所示。两簧片一端重叠并有一定的空隙，便于形成接点。

干簧管的接点形式有两种：一种是常开接点型，有两只引脚，触点为常开类型，如图 3.2.3（a）所示；另一种是转换接点型，有三只引脚，一组常开触点、一组常闭触点，如图 3.2.3（b）所示。

2．干簧管的工作原理

干簧管的工作原理：当永久磁铁靠近干簧管或者由绕在干簧管上的线圈通电，形成的磁场使簧片磁化时，重叠部分感应出极性相反的磁极，异名的磁极相互吸

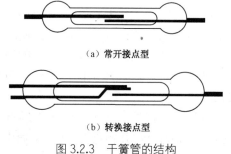

图 3.2.3 干簧管的结构

引，当吸引的磁力超过簧片的弹力时，接点就会吸合；当外磁场消失后磁力减小到一定值时，两个簧片因本身的弹性而分开，线路就断开。

干簧管的测试

1．器材准备

(1) 常开型干簧管 1 个；

(2) 电源 1 组；

(3) 灯泡 1 只；

(4) 导线若干；

(5) 开关 1 个。

2. 测试步骤

(1) 对照电路图 3.2.4 连接好电路。

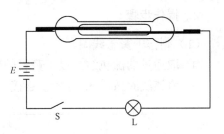

图 3.2.4　常开型干簧管电路图

(2) 闭合 S 后，灯泡不亮。用一条形磁铁的某一磁极逐渐靠近干簧管，会发现灯泡由不亮变为亮。

(3) 再将条形磁铁逐渐远离干簧管，发现灯泡又由亮变为不亮。

(4) 仔细观察条形磁铁逐渐靠近再逐渐远离干簧管，干簧管内两极片的变化现象。

(5) 将磁铁的两磁极对调后，再逐渐靠近和远离干簧管，观察干簧管两极片的变化现象。

第 2 步　过电流保护电路的制作

知识链接

过电流保护电路的工作原理

如图 3.2.5 所示，为一简单的过电流保护电路。图中 KR_1 为电磁式继电器，KR_2 为干簧管。

当电路中的滑动变阻器 R_L 的阻值太小时，电路就会出现过电流现象，所以在连接电路时，为了保证在需要时过电流，滑动变阻器的滑片应置最右端。

当电路过电流时，首先动作的是 KR_2，其常开触点闭合，以致线圈 KR_1 得电，其对应的常闭触点断开，以达到过电流保护的目的。

手脑并用

过电流保护电路的制作

1. 器材准备

(1) 继电器；

(2) 漆包线；

(3) 电流表；

(4) 滑线式变阻器；

(5) 电源；

(6) 开关；

(7) 导线。

2．操作步骤

（1）制作干簧管线圈。

① 取适量的漆包线，以干簧管的玻璃外壳为骨架，绕制一只线圈。

② 将该线圈按图 3.2.6 所示连接在电路中。

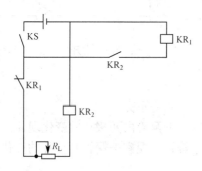

图 3.2.5　简单的过电流保护电路

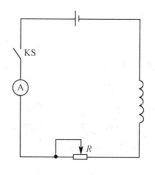

图 3.2.6　电路示例

③ 调节滑线式变阻器，使电流表的读数为 500 mA，同时注意干簧管的动作。

④ 若在电流达到 500 mA 前干簧管中的簧片动作，则减少线圈的匝数后重试。

⑤ 若在电流达到 500 mA 后干簧管中的簧片不动作，则增加线圈的匝数后重试。

⑥ 直至电流为 500 mA 时干簧管中的簧片正好动作。

⑦ 按照图 3.2.6 连接好电路。

⑧ 逐渐调小滑线式变阻器 R，观察现象，并记录。

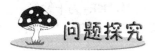

如果逐渐调小滑线式变阻器 R，会出现什么现象？

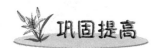

1．填空题

（1）电磁式继电器主要由＿＿＿＿、＿＿＿＿、＿＿＿＿、＿＿＿＿、衔铁和返回弹簧等组成。

（2）根据干簧管接点形式的不同，干簧管分为＿＿＿＿＿＿和＿＿＿＿＿＿。

（3）当常开型干簧管不在磁场中时，两极片是分离的；而在磁场中，两极片就会相碰。这种现象说明干簧管的两极片是＿＿＿＿质的，在磁场中因被＿＿＿＿产生异极性磁极而相互＿＿＿＿。

2．简答题

（1）试简述继电器的结构和工作原理。

（2）运用所学知识制作一个简易电磁铁，试写出方法和步骤。

学习领域四　交流电路基本参数

领域简介

在日常生产和生活中所用的交流电,一般都是指正弦交流电。因为交流电能够方便地用变压器改变电压,用高压输电,可将电能输送很远,而且损耗小;交流电机比直流电机构造简单,造价便宜,运行可靠。所以,现在发电厂所发的都是交流电,工农业生产和日常生活中广泛应用的也是交流电。本领域主要介绍交流电的基本特性、表示方法及单个参数的正弦交流电路特点。

项目1　初识交流电路

学习目标

- 理解正弦交流电的三要素
- 理解有效值、最大值和平均值的概念,掌握它们之间的关系
- 理解频率、角频率和周期的概念,掌握它们之间的关系
- 理解相位、初相和相位差的概念,掌握它们之间的关系
- 会使用信号发生器、毫伏表和示波器,会用示波器观察信号波形,会测量正弦电压的频率和峰值
- 理解正弦量解析式、波形图的表现形式及其对应关系
- 理解正弦量的旋转矢量表示法,了解正弦量解析式、波形图、矢量图的相互转换

工作任务

- 测试正弦交流电的基本物理量
- 认识交流信号的表示方法

第1步　认识正弦交流电路的基本物理量

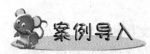

案例导入

人们最熟悉和最常用的家用电器采用的都是交流电,如电视、计算机、照明灯、冰箱、空调等家用电器。即便是像收音机、复读机等采用直流电源的家用电器也通过稳压电源将交流电

转变为直流电后使用。这些电气设备的电路模型在交流电路中的规律与直流电路中的规律是不一样的，因此分析交流电路的特征及相应电路模型的交流响应是重要任务。

1. 交流电路概述

在生产和生活中使用的电能，几乎都是交流电能，即使是电解、电镀、电信等行业需要直流供电，大多数也是将交流电能通过整流装置变成直流电能。交流电指的是大小和方向均随时间作周期性变化的电流或电压。它可分为周期性交流电和非周期性交流电。周期性交流电又可分为正弦交流电和非正弦交流电。N匝矩形线圈在匀强磁场中以匀角速度ω旋转，由于电磁感应现象而在线圈中产生的感应电动势为 $e = E_m\sin(\omega t + \varphi_0)$，如果电路闭合，则电路中的感应电流 $i = I_m\sin(\omega t + \varphi_i)$，同理电路中的感应电压 $u = U_m\sin(\omega t + \varphi_u)$。因此感应电动势、感应电压和感应电流都是按正弦规律变化的。

交流电与直流电的区别在于：直流电的方向、大小不随时间变化；而交流电的方向、大小都随时间作周期性的变化，并且在一周期内的平均值为零。图 4.1.1 所示为直流电和交流电的电波波形。

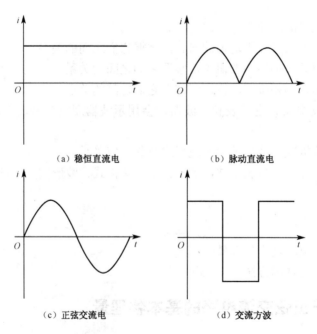

图 4.1.1　直流电和交流电的电波波形图

正弦电压和电流等物理量，常统称为正弦量。正弦量的特征表现在变化的快慢、大小及初始值三个方面，而它们分别由频率（或周期）、幅值（或有效值）和初相位来确定。所以频率、幅值和初相位就称为确定正弦量的三要素。

2. 正弦交流电的基本特征和三要素

下面以电流为例介绍正弦量的基本特征。依据正弦量的概念，设某支路中正弦电流 i 在选定参考方向下的瞬时值表达式为：

$$i = I_\mathrm{m} \sin(\omega t + \varphi)$$

波形如图 4.1.2 所示。

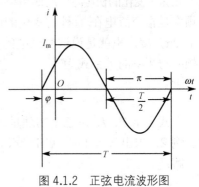

图 4.1.2　正弦电流波形图

1）瞬时值、最大值和有效值

正弦交流电随时间按正弦规律变化，某时刻的数值不一定和其他时刻的数值相同。把任意时刻正弦交流电的数值称为瞬时值，用小写字母表示，如 i、u 及 e 表示电流、电压及电动势的瞬时值。瞬时值有正、有负，也可能为零。

最大的瞬时值称为最大值（也称幅值、峰值）。用带下标的大写字母表示。如 I_m、U_m 及 E_m 分别表示电流、电压及电动势的最大值。最大值虽然有正有负，但习惯上最大值都以绝对值表示。

正弦电流、电压和电动势的大小往往不是用它们的幅值，而是常用有效值来计量的。某一个周期电流 i 通过电阻 R 在一个周期 T 内产生的热量，和另一个直流电流通过同样大小的电阻在相等的时间内产生的热量相等，那么这个周期性变化的电流 i 的有效值在数值上就等于这个直流 I。规定，有效值都用大写字母表示，和表示直流的字母一样。

通过计算，正弦交流电的有效值和最大值之间有如下关系：

$$I = \frac{I_\mathrm{m}}{\sqrt{2}}$$

$$U = \frac{U_\mathrm{m}}{\sqrt{2}}$$

$$E = \frac{E_\mathrm{m}}{\sqrt{2}}$$

一般所讲的正弦电压或电流的大小，例如交流电压 380 V 或者 220 V，都是指它的有效值。一般交流电流表和电压表的刻度也是根据有效值来确定的。

例 1：已知某交流电压为 $u = 220\sqrt{2} \sin \omega t$ V，这个交流电压的最大值和有效值分别为多少？

解：最大值：

$$U_\mathrm{m} = 220\sqrt{2} \text{ V} = 311.1 \text{ V}$$

有效值：

$$U = \frac{U_\mathrm{m}}{\sqrt{2}} = \frac{220\sqrt{2}}{\sqrt{2}} \text{ V} = 220 \text{ V}$$

2）频率与周期

正弦量变化一次所需的时间（秒）称为周期 T，如图 4.1.2 所示。每秒内变化的次数称为频率 f，它的单位是赫兹（Hz）。

频率是周期的倒数，即

$$f = \frac{1}{T}$$

在我国和大多数国家都采用 50 Hz 作为电力标准频率,有些国家(如美国、日本等)采用 60 Hz。这种频率在工业上应用广泛,习惯上称为工频。通常的交流电动机和照明负载都用这种频率。

正弦量变化的快慢除用周期和频率表示外,还可用角频率 ω 来表示,它的单位是弧度/秒(rad/s)。角频率是指交流电在 1 秒内变化的电角度。如果交流电在 1 秒内变化了 1 次,则电角度正好变化了 2π 弧度,也就是说该交流电的角频率 $\omega = 2\pi$ 弧度/秒。若交流电 1 秒内变化了 f 次,则可得角频率与频率的关系式为

$$\omega = 2\pi f = \frac{2\pi}{T}$$

上式表示 T、f、ω 三个物理量之间的关系,只要知道其中之一,则其余均可求出。

例 2:求出我国工频 50 Hz 交流电的周期 T 和角频率 ω。

解:

$$T = \frac{1}{f} = \frac{1}{50} \text{s} = 0.02 \text{ s}$$

$$\omega = 2\pi f = 2\pi \times 50 \text{ rad/s} = 314 \text{ rad/s}$$

例 3:已知某正弦交流电压为 $u = 311\sin 314t$ V,求该电压的最大值、频率、角频率和周期各为多少?

解:

$$U_m = 311 \text{ V}$$

$$\omega = 314 \text{ rad/s}$$

$$f = \frac{\omega}{2\pi} = \frac{314}{2 \times 3.14} \text{Hz} = 50 \text{ Hz}$$

$$T = \frac{1}{f} = \frac{1}{50} \text{s} = 0.02 \text{ s}$$

3)初相

$i = I_m \sin(\omega t + \varphi)$ 中的 $(\omega t + \varphi)$ 称为正弦量的相位角或相位,它反映出正弦量变化的进程。当相位角随时间连续变化时,正弦量的瞬时值随之作连续变化。

$t = 0$ 时的相位角称为初相位角或初相位。式中的 φ 就是这个电流的初相。规定初相的绝对值不能超过 π。

在一个正弦交流电路中,电压 u 和电流 i 的频率是相同的,但初相不一定相同,如图 4.1.3 所示。图中 u 和 i 的波形可用下式表示:

$$u = U_m \sin(\omega t + \varphi_u)$$
$$i = I_m \sin(\omega t + \varphi_i)$$

它们的初相位分别为 φ_u 和 φ_i。

两个同频率正弦量的相位角之差或初相角之差,称为相位差,用 $\Delta \varphi$ 表示。图 4.1.3 中电压 u 和电流 i 的相位差为

$$\Delta \varphi = (\omega t + \varphi_u) - (\omega t + \varphi_i) = \varphi_u - \varphi_i$$

当两个同频率同正弦量的计时起点改变时,它们的相位和初相位即跟着改变,但是两者之间的相位差仍保持不变。

由图 4.1.3 的正弦波形可见,因为 u 和 i 的初相位不同,所以它们的变化步调是不一致的,

即不是同时到达正的幅值或零值。图中，$\varphi_u > \varphi_i$，所以 u 较 i 先到达正的幅值。这时，在相位上 u 比 i 超前 φ 角，或者说 i 比 u 滞后 φ 角。

初相相等的两个正弦量，它们的相位差为零，这样的两个正弦量叫做同相。同相的两个正弦量同时到达零值，同时到达最大值，步调一致，如图4.1.4中的 i_1 和 i_2。

相位差 $\Delta\varphi$ 为180°的两个正弦量叫做反相，如图4.1.4中的 i_1 和 i_3。

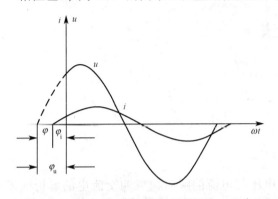

图4.1.3 u 和 i 的相位不相等

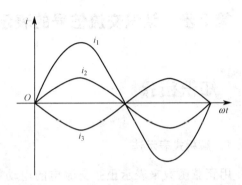

图4.1.4 正弦量的同相与反相

例4：已知某正弦电压在 $t = 0$ 时为 $110\sqrt{2}$ V，初相角为30°，求其有效值。

解：此正弦电压表达式为：

$$u = U_m \sin(\omega t + 30°)$$

当 $t = 0$ 时，

$$u(0) = U_m \sin 30°$$

所以

$$U_m = \frac{u(0)}{\sin 30°} = \frac{110\sqrt{2}}{0.5} \text{V} = 220\sqrt{2} \text{ V}$$

其有效值为：

$$U = \frac{U_m}{\sqrt{2}} = \frac{220\sqrt{2}}{\sqrt{2}} \text{V} = 220 \text{ V}$$

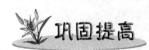

1. 什么是交流电的周期、频率和角频率？它们之间有什么关系？
2. 什么是交流电的最大值和有效值？它们之间有什么关系？
3. 已知照明电路中的电压有效值为 220 V，电源频率为 50 Hz，问该电压的最大值是多少？电源的周期和角频率是多少？
4. 让 10 A 的直流电流和最大值为 12 A 的正弦交变电流分别通过阻值相同的电阻，在一个周期内哪个电阻的发热最大？
5. 用电流表测量一最大值为 100 mA 的正弦电流，其电流的读数一定为 100 mA 吗？为什么？
6. 写出下列各组交流电压的相位差，并指出哪个超前，哪个滞后？

（1）$u_1 = 380\sqrt{2} \sin 314t$，$u_2 = 380\sqrt{2} \sin\left(314t - \dfrac{2}{3}\pi\right)$

（2）$u_1 = 220\sin\left(100\pi t - \dfrac{2}{3}\pi\right)$，$u_2 = 100\sqrt{2}\sin\left(100\pi t + \dfrac{2}{3}\pi\right)$

（3）$u_1 = 12\sin\left(10t + \dfrac{\pi}{2}\right)$，$u_2 = 12\sin\left(10t - \dfrac{\pi}{3}\right)$

（4）$u_1 = 220\sqrt{2}\sin 100\pi t$，$u_2 = 220\sqrt{2}\cos 100\pi t$

第2步 认识交流信号的表示方法

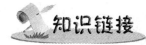

1．解析式表示法

用正弦函数来表示正弦交流电的电动势、电压和电流的瞬时值就叫交流电的解析式表示法，即 $e = E_m \sin(\omega t + \varphi_e)$。其中 e 叫做电动势的瞬时值，E_m 叫做电动势的最大值，φ_e 叫做正弦交流电的初相，ω 叫做正弦交流电的角频率。有效值（或最大值）、频率（或周期、角频率）、初相是表征正弦交流电的三个重要物理量。知道了这三个量就可以写出交流电瞬时值的表达式，从而知道正弦交流电的变化规律，因此把这三个量称为正弦交流电的三要素。同理 $u = U_m \sin(\omega t + \varphi_u)$；$i = I_m \sin(\omega t + \varphi_i)$。

2．波形图表示法

用与正弦交流电的解析式相对应的正弦曲线来表示该正弦量称为波形图表示法。用波形图来表示正弦交流电时，其横坐标可以表示时间 t 或角度 ωt，如图 4.1.5 所示。

3．旋转矢量表示法

正弦交流电可以用一个旋转的矢量来表示，以 $u = U_m \sin(\omega t + \varphi_u)$ 为例，如图 4.1.6 所示，通常只画出旋转矢量的起始位置，其中矢量的长度等于正弦量的最大值，矢量与横轴的夹角等于正弦量的初相。表示方法用大写字母上方加黑点，即 $\dot{U}_m$、$\dot{E}_m$、$\dot{I}_m$ 等。

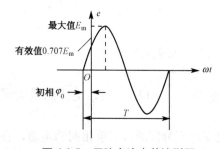

图 4.1.5 正弦交流电的波形图

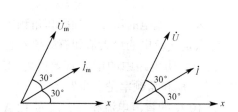

图 4.1.6 正弦交流电的旋转矢量表示法

旋转矢量的特点是从矢量图中可以看出正弦量的相位关系；利用平行四边形法则可以求同频率两正弦量的和与差。值得注意的是只有同频率的正弦量才可以把矢量图画在同一张图中。

4. 相量法（复数表示法）

在复平面中可以用一矢量来表示复数，而正弦量也可以用矢量来表示，因此，可以用复数来表示正弦量。用复数的模表示正弦量的有效值，辐角表示正弦量的初相，则称为正弦量的相量（复数）表示法。如 $i = \sqrt{2}I\sin(\omega t + \phi_i) \Leftrightarrow \dot{I} = I\angle\phi_i$。它的特点是相量法表示正弦量不仅可以有相量图表示的优点，而且还可以将正弦量间的运算转化为复数间的运算，用来求同频率正弦量的和、差、积、商。

巩固提高

将下列正弦量用有效值相量表示，并画出相量图。
（1） $u = 311\sin(\omega t + 45°)$ V
（2） $i = 10\sqrt{2}\sin(\omega t - 30°)$ A
（3） $u = 380\sqrt{2}\sin\omega t$ V
（4） $i = 10\sin(\omega t - 120°)$ A

项目 2　纯电阻电路的测试

学习目标

- 掌握电阻元器件电压与电流的关系
- 会观察电阻元器件上的电压与电流之间的关系

工作任务

- 测试纯电阻电路参数
- 观测纯电阻电路相位关系

第 1 步　测试纯电阻电路参数

在照路中使用的白炽灯为纯电阻性负载，日光灯属于感性负载，家用风扇为单相交流电动机，它的等效电路如图 4.2.1 所示。图中 U_1、U_2 为工作绕组，V_1、V_2 为启动绕组，它们实际上是纯电阻与纯电感相串联。由图中可知，风扇是一种电阻、电感和电容混联的负载。

实际电路有很多种类，如强电类的供电系统、电动机控制系统，弱电类的电子电路等。这些电路中所用的负载具有各自不同的性质，可能是纯电阻类负载，也可能是几种性质负载的综合。

在分析计算不同电路时,对负载的性质必须做出明确的判别,并采用相应的方法进行分析计算。

由以上实际应用可以得出:电类负载一般不是单纯的电阻、电感或电容,它往往是几种性质的负载混合而成。在学习这些设备或负载的性质之前,要了解基本的单元电路如何分析计算。

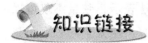

纯电阻电路

交流电路中如果只有电阻,这种电路就叫做纯电阻电路。白炽灯、电炉、电烙铁等的电路,就是纯电阻电路。

在纯电阻电路中,设加在电阻 R 上的交流电压是 $u = U_m \sin\omega t$,通过这个电阻的电流的瞬时值为:

$$i = \frac{u}{R} = \frac{U_m}{R}\sin\omega t = I_m\sin\omega t$$

式中,$I_m = \frac{U_m}{R}$。如果在等式两边同时除以 $\sqrt{2}$,则得

$$I = \frac{U}{R}$$

这就是纯电阻电路中欧姆定律的表达式。这个表达式跟直流电路中欧姆定律的形式完全相同,所不同的是在交流电路中电压和电流要用有效值。在图 4.2.2 所示的电路中通以交流电,用电压表和电流表量出电压和电流,可以证实上述表达式是正确的。

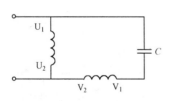

图 4.2.1 家用风扇电动机等效电路模型

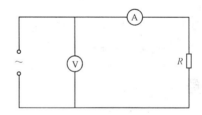

图 4.2.2 测试电路

例 1:在纯电阻电路中,已知电阻为 44 Ω,交流电压 $u = 311\sin(314t + 30°)\text{V}$,求通过电阻的电流是多大?写出电流的解析式。

解:电压的有效值为

$$U = \frac{U_m}{\sqrt{2}} = \frac{311}{\sqrt{2}} = 220 \text{ V}$$

所以

$$I = \frac{U}{R} = \frac{220}{44} = 5 \text{ A}$$

$$I_m = \sqrt{2}I = \sqrt{2} \times 5 \approx 7.07 \text{ A}$$

或

$$I_m = \frac{U_m}{R} = \frac{311}{44} = 7.07 \text{ A}$$

因此，电流的解析式为

$$i = I_\mathrm{m}\sin(\omega t + \varphi_0) = 7.07\sin(314t + 30°)\text{ A}$$

巩固提高

在纯电阻电路中，下列各式哪些正确、哪些错误？

(1) $i = \dfrac{U}{R}$

(2) $I = \dfrac{U}{R}$

(3) $i = \dfrac{U_\mathrm{m}}{R}$

(4) $i = \dfrac{u}{R}$

第2步　观测纯电阻相位关系

知识链接

在纯电阻电路中，电流和电压是同相的。在图 4.2.2 所示的实验中，如果用手摇发电机或低频交流电源给电路通以低频交流电，可以看到电流表和电压表的指针的摆动步调一致，表示电流和电压是同相的，它们的波形图和相量图如图 4.2.3 所示。

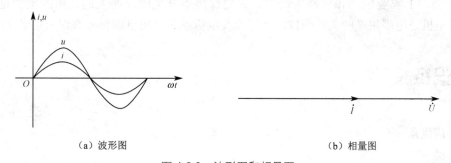

(a) 波形图　　　　　　　　　　　(b) 相量图

图 4.2.3　波形图和相量图

巩固提高

一个额定值为 220 V/1 kW 的电炉接在电压 $u = 311\sin(314t - 60°)$ V 的电源上，(1) 求通过电炉的电流并写出该电流的解析式；(2) 做出电压和电流相对应的矢量图。

项目 3 感性电路的测试

学习目标

- ✧ 掌握右手定则（电磁感应定律）
- ✧ 了解电感的概念，了解影响电感器电感量的因素
- ✧ 了解电感器的外形、参数，会判断其好坏
- ✧ 掌握电感元器件电压与电流的关系，理解感抗的概念
- ✧ 会观察电感元器件上电压与电流之间的关系

工作任务

- ✧ 体验电磁感应现象
- ✧ 简单测试电感器
- ✧ 测试感性电路参数

第 1 步 体验电磁感应现象

现代社会，工农业生产和日常生活中，人们都离不开电能，而人们使用的电能是如何产生的？交流发电机是电能生产的关键部件，而交流发电机就是利用电磁感应原理来发出交流电的。

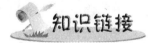

电磁感应现象

1. 电磁感应现象

在如图 4.3.1（a）所示的匀强磁场中，放置一根导线 AB，导线 AB 的两端分别与灵敏电流计的两个接线柱相连接，形成闭合回路。当导线 AB 在磁场中垂直磁感线方向运动时，电流计指针发生偏转，表明由感应电动势产生了电流。

如图 4.3.1（b）所示，将磁铁插入线圈，或从线圈抽出时，同样也会产生感应电流。

也就是说，只要与导线或线圈交链的磁通发生变化（包括方向、大小的变化），就会在导线或线圈中感应电动势，当感应电动势与外电路相接，形成闭合回路时，回路中就有电流通过。这种现象称为电磁感应。

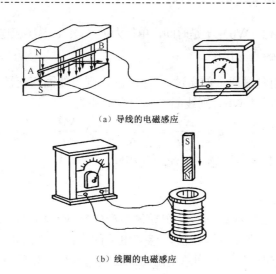

(a) 导线的电磁感应

(b) 线圈的电磁感应

图 4.3.1 电磁感应实验

2. 感应电动势

如果导线在磁场中，做切割磁感线运动时，就会在导线中感应电动势。其感应电动势的大小与磁感应强度 B、导线长度 l 及导线切割磁感线运动的速度 v 有关，其大小为：

$$E = Blv$$

当导线运动方向与导线本身垂直，而与磁感线方向成 θ 角时，导线切割磁感线产生的感应电动势的大小为：

$$E = Blv\sin\theta$$

感应电动势的方向可用右手定则判定：伸开右手，让拇指与其余四指垂直，让磁感线垂直穿过手心，拇指指向导体的运动方向，四指所指的就是感应电动势的方向，如图 4.3.2（a）所示。

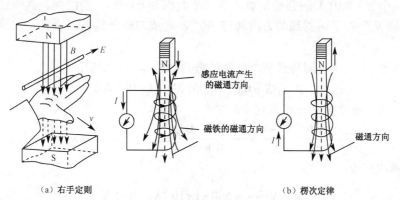

(a) 右手定则 (b) 楞次定律

图 4.3.2 感应电动势、感应电流方向的判断

将磁铁插入线圈，或从线圈抽出时，导致磁通的大小发生变化，根据法拉第定律：当与线圈交链的磁场发生变化时，线圈中将产生感应电动势，感应电动势的大小与线圈交链的磁通变化率成正比。感应电动势的大小为

$$e = -\frac{\Delta\Phi}{\Delta t}$$

式中，Φ 是磁通，单位为韦伯（Wb）；t 是时间，单位为秒（s）；e 是感应电动势，单位为伏特（V）。$\dfrac{\Delta \Phi}{\Delta t}$ 就是与线圈交链的磁通变化率。

如果线圈有 N 匝，而且磁通全部穿过 N 匝线圈，则与线圈相交链的总磁通为 $N\Phi$，称为磁链，用"Ψ"表示，单位还是 Wb。则线圈的感应电动势为

$$e = -\frac{\Delta \Psi}{\Delta t} = -\frac{\Delta N\Phi}{\Delta t} = -N\frac{\Delta \Phi}{\Delta t}$$

感应电动势的方向与其产生的感应电流方向相同。

3．感应电流

当导体在磁场中切割磁感线运动时，在导体中产生感应电动势，如果导体与外电路形成闭合回路，就会在闭合回路中产生感应电流，感应电流的方向与感应电动势的方向相同，也可用右手定则来判定：感应电流产生的磁通总是阻碍原磁通的变化。如图 4.3.2 所示，将磁铁插入线圈，或从线圈抽出时，线圈中将产生感应电流，而感应电流产生的磁通总是阻碍线圈中原磁通的变化。

例 1：在图 4.3.3 中，设匀强磁场的磁感应强度 B 为 0.1 T，切割磁感线的导线长度 l 为 40 cm，向右匀速运动的速度 v 为 5 m/s，整个线框的电阻 R 为 0.5 Ω，求：

（1）感应电动势的大小；

（2）感应电流的大小和方向。

解：（1）线圈中的感应电动势为：

$$E = Blv = 0.1 \times 0.4 \times 5 \text{ V} = 0.2 \text{ V}$$

（2）线圈中的感应电流为：

$$I = \frac{E}{R} = \frac{0.2}{0.5} \text{A} = 0.4 \text{A}$$

利用楞次定律或右手定则，可以确定出线圈中感应电流的方向是沿 abcd 方向。

例 2：在一个 $B = 0.01$ T 的强磁场里，放一个面积为 0.001 m² 的线圈，其匝数为 500 匝。在 0.1 s 内，把线圈从平行于磁感线的方向转过 90°，变成与磁感线方向垂直。求感应电动势的平均值。

解：在时间 0.1 s 里，线圈转过 90°，穿过它的磁通是从 0 变成：

$$\Phi = BS = 0.01 \times 0.001 \text{Wb} = 1 \times 10^{-5} \text{Wb}$$

在这段时间内，磁通量的平均变化率：

$$\frac{\Delta \Phi}{\Delta t} = \frac{\Phi - 0}{\Delta t} = \frac{1 \times 10^{-5} - 0}{0.1} \text{Wb/s} = 1 \times 10^{-4} \text{Wb/s}$$

根据电磁感应定律：

$$e = N\frac{\Delta \Phi}{\Delta t} = 500 \times 1 \times 10^{-4} \text{V} = 0.05 \text{V}$$

例 3：如果将一个线圈按图 4.3.4 所示放置在磁铁中，让其在磁场中做切割磁力线运动，试判断线圈中产生的感应电动势的方向。并分析由此可以得出什么结论？

解：根据右手定则判断感应电动势的方向，如图 4.3.4 所示。若将线圈中的感应电动势从线圈两端引出，便获得了一个交变的电压，这就是发电机的原理。

学习领域四 交流电路基本参数

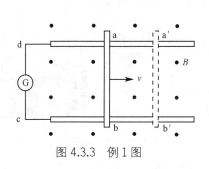
图 4.3.3 例 1 图

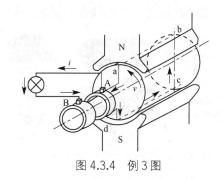
图 4.3.4 例 3 图

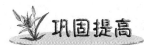

在 0.4 T 的匀强磁场中，长度为 25 cm 的导线以 6 m/s 的速度做切割磁感线运动，运动方向与磁感线成 30°，并与导线本身垂直，求导线中感应电动势的大小。

第 2 步 简单测试电感器

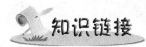

实际电感线圈就是用漆包线、纱包线或裸导线一圈一圈地绕在绝缘管或铁芯上而又彼此绝缘的一种元器件。在电路中多用来对交流信号进行隔离、滤波或组成谐振电路等。电感元器件是从实际线圈抽象出来的理想化模型，是代表电路中储存磁场能量这一物理现象的理想二端元器件。当忽略实际线圈的导线电阻和线圈匝与匝之间的分布电容时，可将其抽象为仅具有储存磁场能量的电感元器件。

1. 电感线圈的定义

电感线圈简称电感。随着流过电感线圈的电流的变化，线圈内部会感应某个方向的电压以反映通过线圈的电流变化。电感两端的电压与通过电感的电流有以下关系：$U = L\dfrac{\Delta I}{\Delta t}$。其中，$L$ 是电感量（简称电感），电感的基本单位是亨（H）。一般情况下，电路中的电感值很小，用 mH（毫亨）、μH（微亨）表示。其转换关系为：$1\text{ H}=10^3\text{ mH}=10^6\text{ μH}$。

电感器的文字符号为"L"，图形符号为 ⌒⌒⌒ 。

2. 电感线圈的分类与命名

电感线圈按使用特征可分为固定和可调两种，按磁芯材料可分为空心、磁芯和铁芯等。按结构可分为小型固定电感、平面电感以及中周。下面介绍几种常用的电感线圈。

（1）空心线圈是用导线绕制在纸筒、胶木筒、塑料筒上组成的线圈或绕制后脱胎而成，由于此线圈中间不另加介质材料，因此称为空心线圈，外形及符号如图 4.3.5 所示。

（2）铁芯线圈是在空心线圈中插入硅钢片，外形及符号如图 4.3.6 所示。

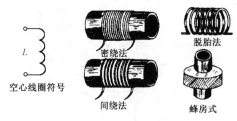

图 4.3.5　空芯线圈的外形及符号

图 4.3.6　铁芯线圈的外形及符号

（3）磁芯线圈是用导线在磁芯磁环上绕制成线圈，或者在空心线圈中插入磁芯，外形及符号如图 4.3.7（a）所示。

（4）可调磁芯线圈。

在空心线圈中插入可调的磁芯组成可调磁芯线圈，其外形和符号如图 4.3.7（b）所示。

（a）磁芯线圈的外形及符号　　　　　　（b）可调磁芯线圈的外形及符号

图 4.3.7　磁芯线圈

（5）色码电感。

色码电感是一种带磁芯的小型固定电感。其电感量标示方法与色环电阻器一样，是以色环或色点表示的，但有些固定电感器没有采用色环标示法，而是直接将电感量数值标在电感壳体上，习惯上也称其为"色码电感器"。常用色码电感器外形及符号如图 4.3.8 所示。

电阻器和电容器都是标准元器件，而电感器除少数可采用现成产品外，通常为非标准元器件，须根据电路要求自行设计、制作。国产电感器的型号命名一般由四部分组成，如图 4.3.9 所示，第一部用字母表示电感器的主称，"L"为电感线圈，"ZL"为阻流圈；第二部分用字母表示电感器的特征，例如"G"为高频；第三部分用字母表示电感器的类型，例如"X"为小型；第四部分用字母表示区别代号。

图 4.3.8　色码电感的外形及符号　　　　图 4.3.9　电感器的型号命名

3. 电感线圈的参数

电感器的主要参数是电感量和额定电流。

1）电感量 L

电感量 L 也称自感系数，是表示电感元器件自感应能力的一种物理量。当通过一个线圈的磁通发生变化时，线圈中便会产生电势，这是电磁感应现象。所产生的电势称为感应电势，电势大小正比于磁通变化的速度和线圈匝数。当线圈中通过变化的电流时，线圈产生的磁通也要变化，磁通掠过线圈，线圈两端便产生感应电势，这便是自感应现象。自感电势的方向总是阻止电流变化的，这种电磁惯性的大小就用电感量 L 来表示。L 的大小与线圈匝数、尺寸和导磁材料均有关。

电感器上电感量的标示方法有两种。一种是直标法，即将电感量直接用文字印在电感器上，如图 4.3.10 所示；另一种是色标法，即用色环表示电感量，其单位为μH。色标法如图 4.3.11 所示，第 1、2 环表示两位有效数字，第 3 环表示倍乘数，第 4 环表示允许偏差。各色环颜色的含义与色环电阻器相同。

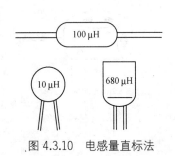

图 4.3.10 电感量直标法

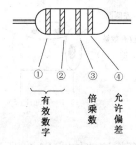

图 4.3.11 电感量色标法

2）额定电流

额定电流是指电感器在正常工作时，允许通过的最大电流。额定电流一般以字母表示，并直接印在电感器上，字母的含义见表 4.3.1。使用中电感器的实际工作电流必须小于电感器的额定电流，否则电感线圈将会严重发热甚至烧毁。

表 4.3.1 电感器额定电流代号的意义

字母代号	A	B	C	D	E
额定电流	5 mA	150 mA	300 mA	700 mA	1.6 A

4．电感线圈的特性与作用

电感线圈在通过电流时会产生自感电动势，自感电动势总是反对原电流的变化，如图 4.3.12 所示，当通过电感线圈的原电流增加时，自感电动势与原电流反方向，阻碍原电流增加；当原电流减小时，自感电动势与原电流同方向，阻碍原电流减小。自感电动势的大小与通过电感线圈的电流的变化率成正比。由于直流电的电流变化率为 0，所以其自感电动势也为 0，直流电可以无阻力地通过电感线圈（忽略电感线圈极小的导线电阻）。对于交流电来说，情况就不同了。交流电的电流时刻在变化，它在通过电感线圈时必然受到自感电动势的阻碍。交流电的频率越高，电流变化率越大，产生的自感电动势也越大，交流电流通过电感线圈时受到的阻力也就越大。

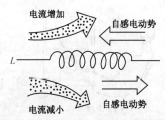

图 4.3.12 自感电动势对电流的阻碍作用

电感器的最基本功能是：通直流阻交流。电感器对流过它的交流电流存在的阻碍作用称为感抗 $X_L=2\pi f_L$，感抗的单位为欧姆（Ω），感抗大小与频率、电感量成正比。频率高，感抗大；频率低，感抗小；电感量大，感抗大；电感量小，感抗小。

电感线圈的主要作用是对交流信号进行隔离、滤波或组成谐振电路。它的应用范围很广泛，在调谐、振荡、耦合、匹配、滤波、陷波、延迟、补偿及偏转等电路中，都是必不可少的。

5. 电感线圈的标志识别

（1）直标法。电感量是由数字和单位直接标在外壳上。

（2）色点标注法。用色点做标志与电阻色环标志相似，但顺序相反，单位为μH，如图 4.3.13 所示。色点环标注的前两点为有效数字，第三点为倍率。

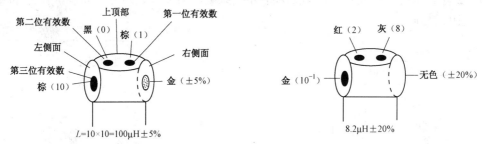

图 4.3.13　电感量色点标注法

（3）色环标注法如图 4.3.11 所示。

6. 电感线圈的检测

电感器性能的检测在业余条件下是无法进行的，对电感量的检测及对阻值的检测等均需要专门的仪器，对于一般使用者来说可从下面三个方面进行检测。

（1）检测电感线圈通断情况。

电感器的好坏可以用万用表进行初步检测，即检测电感器是否有断路、短路、绝缘不良等情况。检测时，首先将万用表置于 $R\times 1$ 挡，两表笔不分正、负与电感器的两引脚相接，表针指示应接近为"0 Ω"，如图 4.3.14（a）所示，如果表针不动，说明该电感器内部断路；如果表针指示不稳定，说明该电感内部接触不良。对于电感量较大的电感器，由于其线圈圈数较多，直流电阻相对较大，万用表指示应有一定的阻值，如图 4.3.14（b）所示。如果表针指示为"0 Ω"，则说明该电感器内部短路。

（2）检测绝缘情况。将万用表置于 $R\times 10k$ 挡，检测电感器的绝缘情况，主要是针对具有铁芯或金属屏蔽罩的电感器。测量线圈引线与铁芯或金属屏蔽罩之间的电阻，均应为无穷大（表针不动），如图 4.3.15 所示。否则说明该电感器绝缘不良。

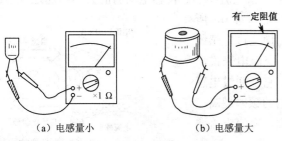

图 4.3.14　电感线圈通断情况检测

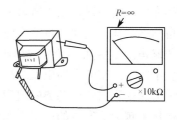

图 4.3.15　电感器绝缘情况检测

（3）检查电感器外观结构。仔细观察电感器结构，如图 4.3.16 所示，外观是否有破裂现象，线圈绕线是否有松散变形的现象，引脚是否牢固，外表上是否有电感量的标称值，磁芯旋转是否灵活，有无滑扣等。

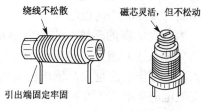

图 4.3.16　电感器外观结构

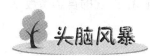

（1）电感器的主要参数有哪些？
（2）电感器的标识方法有哪几种？
（3）如何检测电感线圈的通断情况？

第 3 步　测试感性电路参数

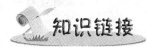

1. 电感对交流电的阻碍作用

在图 4.3.17 所示的电路里，当双刀双掷开关 S 分别接通直流电源和交流电源（直流电压和交流电压的有效值相等）时，指示灯的亮度相同，这表明电阻对直流电和对交流电的阻碍作用是相同的。

用电感线圈 L 代替图 4.3.17 中的电阻 R，并且让线圈 L 的电阻值等于 R，如图 4.3.18 所示，再用双刀双掷开关 S 分别接通直流电源和交流电源，可以看到，接通直流电源时，指示灯的亮度与图 4.3.17 时相同；接通交流电源时，指示灯明显变暗，这表明电感线圈对直流电和对交流电的阻碍作用是不同的。对于直流电，起阻碍作用的只是线圈的电阻；对交流电，除了线圈的电阻外，电感也起阻碍作用。

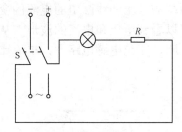

图 4.3.17　电阻电路

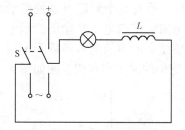

图 4.3.18　电感电路

为什么电感对交流电有阻碍作用呢？这是因为交流电通过电感线圈时，电流时刻都在改变，电感线圈中必然产生自感电动势，阻碍电流的变化，这样就形成了对电流的阻碍作用。

电感对交流电的阻碍作用叫做感抗，用符号 X_L 表示，它的单位也是 Ω（欧）。

感抗的大小与哪些因素有关呢？在图 4.3.18 所示的实验中，如果把铁芯从线圈中取出，使线圈的自感系数减小，指示灯就变亮；重新把铁芯插入线圈，使线圈的自感系数增大，指示灯又变暗。这表明线圈的自感系数越大，感抗就越大。在图 4.3.18 所示的实验中，如果变更交流电的频率而保持电源电压有效值不变，可以看到，频率越高，指示灯越暗。这表明交流电的频率越高，线圈的感抗也越大。

为什么线圈的感抗与它的自感系数和交流电的频率有关呢？感抗是由自感现象引起的，线圈的自感系数 L 越大，自感作用就越大，因而感抗也越大；交流电的频率 f 越高，电流的变化率越大，自感作用也越大，感抗也就越大。进一步的研究指出，线圈的感抗 X_L 跟它的自感系数 L 和交流电的频率 f 有如下的关系

$$X_L = \omega L = 2\pi f L$$

X_L、f、L 的单位分别是 Ω（欧）、Hz（赫）、H（亨）。

2. 电流与电压的关系

一般的线圈中电阻比较小，可以忽略不计，而认为线圈只有电感。只有电感的电路叫做纯电感电路。

下面用图 4.3.19 所示的电路来研究纯电感电路中电流与电压之间的大小关系，其中 L 是电阻可忽略不计的电感线圈，T 是调压变压器，用它可以连续改变输出电压。改变滑动触头 P 的位置，L 两端的电压和通过 L 的电流都随着改变。记下几组电流、电压的值，就会发现，在纯电感电路中，电流跟电压成正比，即

$$I = \frac{U}{X_L}$$

这就是纯电感电路中欧姆定律的表达式。

电流和电压之间的相位关系，可以用图 4.3.20 所示的实验来进行观察。用手摇发电机或低频交流电源给电路通低频交流电，可以看到电流表和电压表两指针摆动的步调是不同的。这表明，电感两端的电压跟其中的电流不是同相的。

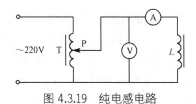
图 4.3.19　纯电感电路

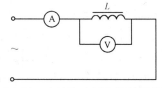
图 4.3.20　电流和电压之间的相位关系

进一步研究这个问题可以使用示波器。把电感线圈两端的电压和线圈中的电流的变化（间接使用电阻两端的电压）输送给示波器，在荧光屏上就可以看到电压和电流的波形。从波形看出，电感使交流电的电流滞后于电压。精确的实验可以证明，在纯电感电路中，电流比电压落后 $\pi/2$，它们的波形图和相量图如图 4.3.21 所示。

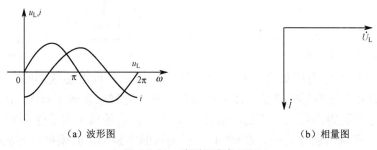

（a）波形图　　　　　　　　　（b）相量图

图 4.3.21　波形图和相量图

巩固提高

一个线圈的电感为 0.5 H，电阻可以忽略，把它接在频率为 50 Hz、电压为 220 V 的交流电源上，求通过线圈的电流。若以电压作为参考相量，写出电流瞬时值的表达式，并画出电压和电流的相量图。

项目 4　容性电路的测试

学习目标

- ◇ 了解电容器的种类、外形和参数，了解电容的概念，了解储能元器件的概念
- ◇ 理解电容器充、放电电路的工作特点，会判断电容器的好坏
- ◇ 能根据要求，正确选择利用串联、并联方式获得合适的电容
- ◇ 理解瞬态过程，了解瞬态过程在工程技术中的应用
- ◇ 理解换路定律，能运用换路定律求解电路的初始值
- ◇ 了解 RC 串联电路瞬态过程；理解时间常数的概念，了解时间常数在电气工程技术中的应用，能解释影响其大小的因素
- ◇ 掌握电容元器件电压与电流的关系，了解容抗的概念

工作任务

- ◇ 简单测试电容器
- ◇ 感知 RC 瞬态过程
- ◇ 测试容性电路参数

第 1 步　简单测试电容器

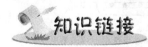

1. 电容的定义

电容器简称电容，是最常见的电子元器件之一，它具有储存一定电荷的能力。在两个平行金属板中间夹上一层绝缘物质（也称电介质）就组成了一个最简单的电容器，叫做平行板电容器。这两个金属板叫做电容器的两个极，中间的绝缘物质叫做介质。

电容器所带的电量 Q 跟它的两极间的电势差 U 的比值，叫做电容器的电容量（简称电容），用"C"表示，$C=\dfrac{Q}{U}$。此式表示电容在数值上等于使电容器两极间的电势差为 1 V 时，

电容器需要带的电量。这个电量大,电容器的电容就大。可见,电容是表示电容器容纳电荷本领的物理量。在国际单位制里,电容的单位是法拉(F),此外,还有微法(μF)、纳法(nF)和皮法(pF),它们之间的换算关系是:$1\text{ F} = 10^6\text{ μF} = 10^9\text{ nF} = 10^{12}\text{ pF}$。

2. 电容器的分类

电容器种类很多,按其是否有极性来分,可分为无极性电容器和有极性电容器两大类。电容器的文字符号为"C",图形符号分别为有极性电容器和无极性电容器,符号如图 4.4.1 所示。

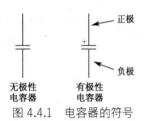

图 4.4.1 电容器的符号

常见无极性电容器有纸介电容器、油浸纸介密封电容器、金属化纸介电容器、云母电容器、有机薄膜电容器、玻璃釉电容器、陶瓷电容器等。有极性电容器的内部构造比无极性电容器复杂。此类电容器如按正极材料不同,可分为铝电解电容器及钽(或铌)电解电容器。它们的外形如图 4.4.2 所示。

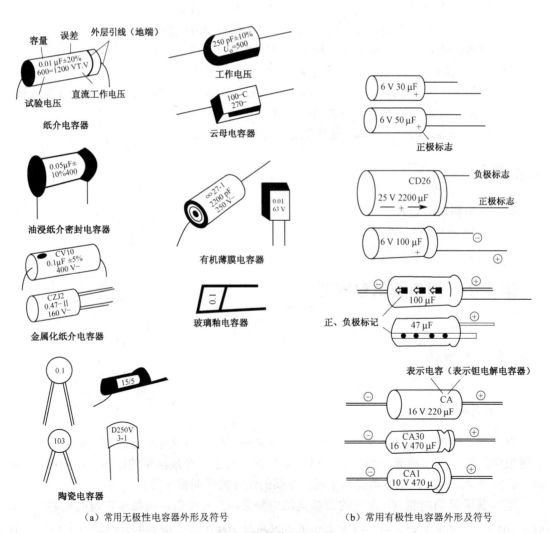

(a) 常用无极性电容器外形及符号　　　　(b) 常用有极性电容器外形及符号

图 4.4.2 电容器外形及符号

3. 电容器的主要参数

电容器的主要参数有容量和额定电压。

1）电容器的容量

电容器的容量是电容的基本参数,数值标在电容上,不同类别的电容有不同系列的标称值。电容器上容量的标注方法常见的有两种:一种是直标法,如图 4.4.3 所示,有极性电容器上还印有极性标志。另一种是数码表示法,一般用三位数字表示电容容量的大小,其单位为 pF,三位数字中,前两位是有效数字,第三位是倍乘数,即表示有效数字后有多少个"0",如图 4.4.4 所示。倍乘数的标示数字所代表的含义见表 4.4.1,标示数为 0~8 时分别表示 10^0~10^8,而 9 则表示 10^{-1}。例如,103 表示 $10 \times 10^3 = 10000$ pF $= 0.01$ μF,229 表示 $22 \times 10^{-1} = 2.2$ pF。

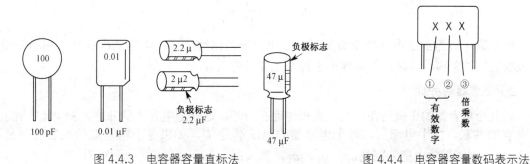

图 4.4.3　电容器容量直标法　　　　图 4.4.4　电容器容量数码表示法

表 4.4.1　电容器上倍乘数的意义

标示数字	0	1	2	3	4	5	6	7	8	9
倍乘数	$\times 10^0$	$\times 10^1$	$\times 10^2$	$\times 10^3$	$\times 10^4$	$\times 10^5$	$\times 10^6$	$\times 10^7$	$\times 10^8$	$\times 10^{-1}$

2）电容器的额定电压

电容器的额定电压是指在规定温度下,能保证长期连续工作而不被击穿的电压。所有的电容都有额定电压参数,额定电压表示了电容两端所允许施加的最大电压。如果施加的电压大于额定电压值,将损坏电容。电容的额定电压系列随电容类别不同而有所区别,通常都在电容器上直接标出,如图 4.4.5 所示。

4. 电容器的连接

1）电容器的串联

把几个电容器的极板首尾相接,连成一个无分支电路的连接方式叫做电容器的串联。图 4.4.6 是三个电容器的串联,接上电源后,电路两端总电压为 U,两极板分别带电,电荷量为 $+q$ 和 $-q$,由于静电感应,中间极板所带的电荷量也等于 $+q$ 和 $-q$,所以,串联时每个电容器带的电荷量都是 q。如果各个电容器的电容分别是 C_1、C_2、C_3,电压分别是 U_1、U_2、U_3,那么

$$U_1 = \frac{q}{C_1}, \quad U_2 = \frac{q}{C_2}, \quad U_3 = \frac{q}{C_3}$$

总电压 U 等于各个电容器上的电压之和,所以

$$U = U_1 + U_2 + U_3 = q\left(\frac{1}{C_1} + \frac{1}{C_2} + \frac{1}{C_3}\right)$$

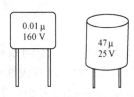

图 4.4.5 电容的额定电压

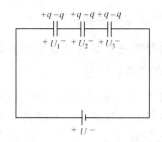

图 4.4.6 电容器串联

设串联电容器的总电容为 C，因为 $U=\dfrac{q}{C}$，所以

$$C=\dfrac{1}{C_1}+\dfrac{1}{C_2}+\dfrac{1}{C_3}$$

即串联电容器的总电容的倒数等于各个电容器的倒数之和。电容器串联后，相当于增大了两极板之间的距离，因此，总电容小于每个电容器的电容。

2）电容器的并联

把几个电容器的正极连在一起，负极也连在一起，这就是电容器的并联。图 4.4.7 所示是三个电容的并联，接上电源后，每个电容器的电压都是 U。如果各个电容器的电容分别是 C_1、C_2、C_3，则所带的电量分别是 q_1、q_2、q_3，那么：

$$q_1=C_1U,\quad q_2=C_2U,\quad q_3=C_3U$$

电容器组储存的总电荷量 q 等于各个电容器所带电荷量之和，即

$$q=q_1+q_2+q_3=(C_1+C_2+C_3)U$$

设并联电容器的总电容为 C，因为 $q=CU$，所以

$$C=C_1+C_2+C_3$$

即并联电容器的总电容等于各个电容器的电容之和。电容器并联之后，相当于增大了两极板的面积，因此，总的电容大于每个电容器的电容。

5. 电容器的充电和放电

1）电容器的充电

在图 4.4.8 所示的电路中，C 是一个电容很大的未充电的电容器。当 S 合向接点 1 时，电源向电容器充电，指示灯开始较亮，然后逐渐变暗，说明充电电流在变化。从电流表上可看到充电电流在减小，而从电压表上可以看出电容两端的电压 U 在上升。经过一段时间后，指示灯不亮了，电流表的指针回到零，此时电压表上的示数等于电源的电动势（即 $U_C=E$）。

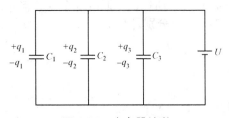

图 4.4.7 电容器并联

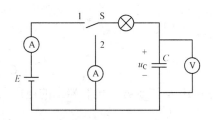

图 4.4.8 电容器充放电

为什么电容器在充电时，电流会由大变小，最后变为零呢？这是由于 S 刚闭合的一瞬间，电容器的极板与电源之间存在较大的电压，所以，开始充电电流较大。随着电容器极板上电荷的积聚，两者之间的电压逐渐减小，电流也就越来越小。当两者之间不存在电压时，电流未零，即充电结束。此时电容两端的电压 $U_C = E$，电容中储存的电荷 $q = CE$。

2）电容器的放电

在图 4.4.8 所示的电路中，电容器充电结束后（这时 $U_C = E$），如果把接点 1 合向接点 2，电容器便开始放电。这时，从电流表上可以看出电路中有电流流过，但电流在逐渐减小（灯由亮逐渐变暗，最后不亮），而从电压表上看到电容器两端的电压 u_C 在逐渐下降，过一段时间后，电流表和电压表的示数都回到零，说明电容器放电过程已结束。

在电容器放电过程中，由于电容两极板间的电压使回路中有电流存在。开始时这个电压较大，因此，电流较大，随着电容两极板上正、负电荷的不断中和，两极板间的电压越来越小，电路中的电流也越来越小。放电结束，电容器两极板上的正、负电荷全部中和，两极板间就不存在电压，因此，电路中的电压为零。

必须注意的是，电路中的电流是由于电容器的充放电形成的，并非电流直接通过电容器中的电介质，在此过程中，电容器本身并不消耗电能。

通过对电容器充放电过程的分析，可以得出这样的结论：当电容器极板上所储存的电荷发生变化时，电路中就有电流通过；若电容器极板上所储存的电荷恒定不变，则电路中就没有电流流过。所以，电路中的电流为

$$i = \frac{\Delta q}{\Delta t}$$

因为 $q = Cu_C$，可得 $\Delta q = C\Delta u_C$。所以

$$i = \frac{\Delta q}{\Delta t} = C\frac{\Delta u_C}{\Delta t}$$

3）电容器的检测

通常用万用表的电阻挡（$R \times 100$ 或 $R \times 1k$）来判别较大容量的电容器的质量，这是利用了电容器的充放电作用。如果电容器的质量很好，漏电很小，将万用表的表笔分别与电容器的两端接触，则指针会有一定的偏转，并很快回到接近起始位置的地方。如果电容器的漏电量很大，则指针回不到起始位置，而停在标度盘的某处，这时指针所指出的电阻数值即表示该电容器的漏电阻值。如果指针偏转到零欧位置之后不再回去，则说明电容器内部已经短路。如果指针根本不偏转，则说明电容器内部可能断路，或电容量很小，不足以使指针偏转，如图4.4.9 所示。

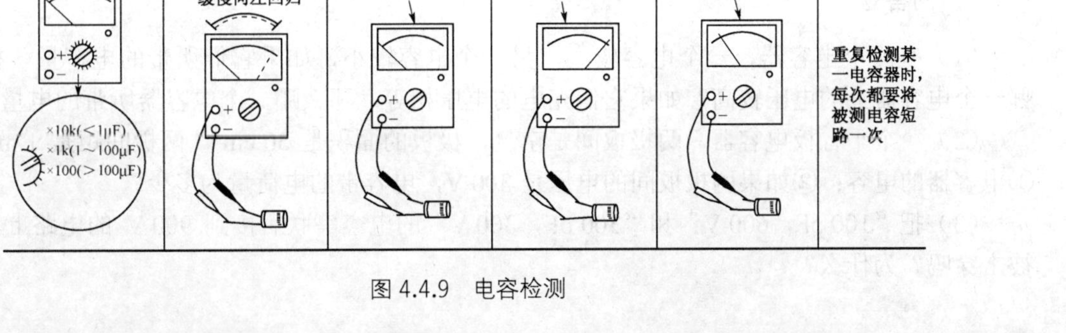

量程选择	正常	断路损坏	短路损坏	漏电现象	注
×10k(<1μF) ×1k(1~100μF) ×100(>100μF)	先向右偏转，再缓慢向左回归	表针不动	表针不回归	$R<500k\Omega$	重复检测某一电容器时，每次都要将被测电容短路一次

图 4.4.9 电容检测

4）电容器中的电场能量

电容器在充电过程中，两个极板上有电荷积累，两极板间形成电场，正负电荷间有相互的作用力，这就相当于一个被拉长或压紧的弹簧会具有一定的能量，所以带电的电容也必定具有一定的能量，这个能量实际是在充电过程中由电源转移过来而储存在电容中的。

经过计算可以得出电容中储存的电场能量为

$$W_C = \frac{1}{2}qU_C = \frac{1}{2}CU_C^2$$

式中，电容 C 用 F 做单位，电压 U_C 用 V 做单位，电荷量 q 用 C 做单位，计算出的能量用 J 做单位。

上式说明，电容中储存的能量与电容器的电容成正比，与电容器两极板之间的电压平方成正比。

电容器和电阻都是电路中的基本元器件，但它们在电路中所起的作用却不同。电容器两端电压增加时，电容器便从电源吸收能量并储存在两极板间的电场中，而当电容两端电压减小时，它便把原来储存的电场能量释放出来（可以看做将能量还给了电源）；即电容器本身只与电源之间交换能量，而本身并不消耗能量，所以说电容器是一种储能元器件；如果电容器不断地与电源之间交换能量，虽然电容器本身并不消耗能量，但这种不断的交换行为将会占用电源系统的资源，会使电源系统的供电效能降低。实际的电容由于介质漏电及其他原因，也要消耗一些能量，使电容器发热，这种能量损耗叫做电容器的损耗。

巩固提高

1．填空题

（1）电容器在充电过程中，充电电流逐渐_____，而两端电压逐渐_____；在放电过程中，放电电流逐渐_____，而两端电压逐渐_____。

（2）用万用表判别较大容量的电容器的质量时，应将万用表拨到_____挡，通常倍率使用_____或_____。如果将表笔分别与电容器两端接触，指针有一定偏转，并很快回到起始位置的地方，说明电容器_____；若指针偏转到零刻度位置后不再回到起始位置，说明电容器_____。

（3）电容器和电阻都是电路的基本元器件，但它们在电路中的作用是不同的。从能量上来看，电容器是_____元器件，而电阻则是_____元器件。

2．问答题

（1）有两个电容器，一个电容较大，另一个电容较小，如果它们所带的电荷量一样，那么哪一个电容器上的电压较高？如果它们充电的电压相等，那么哪一个电容器所带的电量较多？

（2）一个平行板电容器，两极板间是空气，极板的面积是 50 cm²，两极间距是 1 mm。求：①电容器的电容；②如果两极板间的电压是 300 V，电容带的电荷量为多少？

（3）把"100 pF，600 V"和"300 pF，300 V"的电容串联后接到 900 V 的电路上，电容会被击穿吗？为什么？

3. 计算题

（1）电容为 3000 pF 的电容带电荷量为 1.8×10^{-6} C，撤去电源，再把它跟电容为 1500 pF 的电容并联，求每个电容器所带的电荷量。

（2）一只 10 μF 的电容器已被充电到 100 V，欲继续充电到 200 V，问电容器可增加多少电场能？

第 2 步 感知 RC 瞬态过程

案例导入

电容元器件经常作为过电压保护元器件并联在电路中，它主要利用电容元器件在换路瞬间电压不能发生跃变这一原理进行工作，这其实是一个电容的放电过程。那么在换路过程中电容电压和电流又是怎样变化的呢？必须对 RC 电路的瞬态过程进行分析。

知识链接

1. 瞬态过程

1）瞬态过程的概念

电动机启动，其转速由零逐渐上升，最终达到额定转速；高速行驶汽车的刹车过程，由高速到低速或高速到停止等。它们的状态都是由一种稳定状态转换到一种新的稳定状态，这个过程的变化都是逐渐的、连续的，而不是突然的、间断的，并且是在一个瞬间完成的，这一过程就称为瞬态过程。

（1）稳定状态。

所谓稳定状态就是指电路中的电压、电流已经达到某一稳定值，即电压和电流为恒定不变的直流或者是最大值与频率固定的正弦交流。

（2）瞬态过程。

电路从一种稳定状态向另一种稳定状态的转变，这个过程称为瞬态过程，也称为过渡过程。电路在瞬态过程中的状态称为瞬态。

为了了解电路产生瞬态过程的原因，下面观察一个实验现象。图 4.4.10 所示电路，三个并联支路分别为电阻、电感、电容与灯泡串联，S 为电源开关。

当闭合开关 S 时发现电阻支路的灯泡 EL$_1$ 立即发光，且亮度不再变化，说明这一支路没有经历瞬态过程，立即进入了新的稳态；电感支路的灯泡 EL$_2$ 由暗渐渐变亮，最后达到稳定，说明电感支路经历了瞬态过程；电容支路的灯泡 EL$_3$ 由亮变暗直到熄灭，说明电容支路也经历了瞬态过程。当然若开关 S 状态保持不变（断开或闭合），就观察不到这些现象。由此可

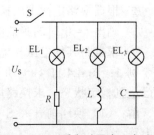

图 4.4.10 瞬态过程演示实验

知,产生瞬态过程的外因是接通了开关,但接通开关并非都会引起瞬态过程,如电阻支路。产生瞬态过程的两条支路都存在有储能元器件(电感或电容),这是产生瞬态过程的内因。

(3) 换路。

通常把电路状态的改变(如通电、断电、短路、电信号突变、电路参数的变化等),统称为换路,并认为换路是立即完成的。

综上所述,产生瞬态过程的原因有两个方面,即外因和内因。换路是外因,电路中有储能元器件(也称为动态元件)是内因。所以瞬态过程的物理实质,在于换路迫使电路中的储能元器件要进行能量的转移或重新再分配,而能量的变化又不能从一种状态跳跃式地直接变到另一种状态,必须经历一个逐渐变化过程。

2) 换路定律

分析电路的瞬态过程时,除应用基尔霍夫定律和元器件伏安关系外,还应了解和利用电路在换路时所遵循的规律(即换路定律)。

为便于电路分析,特做如下设定:$t = 0$ 为换路瞬间,而以 $t = 0_-$ 表示换路前的终了时间,$t = 0_+$ 表示换路后的初始瞬间。0_- 和 0_+ 在数值上都等于 0,但前者是指 t 从负值趋进于零,后者是指 t 从正值趋进于零。

(1) 电感元器件。由于它所存储的磁场能量 $\frac{1}{2}Li_L^2$ 在换路的瞬间保持不变,因此可得

$$i_L(0_+) = i_L(0_-)$$

(2) 电容元器件。由于它所存储的电场能量 $\frac{1}{2}Cu_C^2$ 在换路的瞬间保持不变,因此可得

$$u_C(0_+) = u_C(0_-)$$

综上所述,换路时,电容电压 u_C 不能突变,电感电流 i_L 不能突变。这一结论叫做换路定律。即

$$u_C(0_+) = u_C(0_-)$$
$$i_L(0_+) = i_L(0_-)$$

需要强调的是,电路在换路时,只是电容电压和电感电流不能跃变,而电路中其他的电压和电流是可以跃变的。

3) 一阶电路初始值的计算

(1) 一阶电路。只含有一个储能元器件的电路称为一阶电路。

(2) 初始值。把 $t = 0_+$ 时刻电路中电压、电流的值,称为初始值。

(3) 电路瞬态过程初始值的计算按下面步骤进行。

① 根据换路前的电路求出换路前瞬间,即 $t = 0_-$ 时的电容电压 $u_C(0_-)$ 和电感电流 $i_L(0_-)$ 值。

② 根据换路定律求出换路后瞬间,即 $t = 0_+$ 时的电容电压 $u_C(0_+)$ 和电感电流 $i_L(0_+)$ 值。

③ 画出 $t = 0_+$ 时的等效电路,把 $u_C(0_+)$ 等效为电压源,把 $i_L(0_+)$ 等效为电流源。

④ 求电路其他电压和电流在 $t = 0_+$ 时的数值。

例 1:图 4.4.11 (a) 所示的电路中,已知 $R_1 = 4 \Omega$,$R_2 = 6 \Omega$,$U_S = 10 \text{ V}$,开关 S 闭合前电路已达到稳定状态,求换路后瞬间各元器件上的电压和电流。

解:(1) 换路前开关 S 尚未闭合,R_2 电阻没有接入,电路如图 4.4.11 (b) 所示。由换路前的电路:

$$u_C(0_-) = U_S = 10 \text{ V}$$

（2）根据换路定律：

$$u_C(0_+) = u_C(0_-) = 10 \text{ V}$$

（3）开关 S 闭合后，R_2 电阻接入电路，画出 $t = 0_+$ 时的等效电路，如图 4.4.11（c）所示；

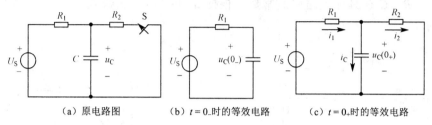

（a）原电路图　　（b）$t = 0_-$ 时的等效电路　　（c）$t = 0_+$ 时的等效电路

图 4.4.11　例 1 图

（4）在图 4.4.11（c）所示电路上求出各个电压电流值：

$$i_1(0_+) = \frac{U_S - u_C(0_+)}{R_1} = \frac{10-10}{4} \text{A} = 0 \text{ A}$$

$$u_{R1}(0_+) = R i_1(0_+) = 0 \text{ V}$$

$$u_{R2}(0_+) = u_C(0_+) = 10 \text{ V}$$

$$i_2(0_+) = \frac{u_{R2}(0_+)}{R_2} = \frac{10}{6} \text{A} = 1.67 \text{ A}$$

$$i_C(0_+) = i_1(0_+) - i_2(0_+) = -i_2(0_+) = -1.67 \text{ A}$$

2．RC 电路的瞬态过程

1）RC 电路的充电

在图 4.4.12 中，当开关 S 刚合上时，电容器上还没有电荷，它的电压 $u_C(0_+) = 0$，此时 $u_R(0_+) = E$，电路里的起始充电电流 $i(0_+)$ 为

$$i(0_+) = \frac{E}{R}$$

当电路里有了电流，电容器极板上就开始积累电荷，电容器上的电压 u_C 就随时间逐渐上升，由于 $E = u_C + u_R$，因此随着 u_C 的升高，电阻两端电压 u_R 就不断减小。根据欧姆定律 $i = \frac{u_R}{R}$ 可知，充电电流 i 也随着变小。充电过程延续到一定时间以后，u_C 增加到趋近于电源电压 E，则充电电流趋近于零，充电过程基本结束。

由于电容器两端电压与电容、电流的关系为：

$$i = \frac{\Delta q}{\Delta t} = C\frac{\Delta u_C}{\Delta t}$$

将上式代入 $E = u_C + u_R = u_C + Ri$ 中，得：

$$E = u_C + RC\frac{\Delta u_C}{\Delta t}$$

数学上可以证明它的解为：

$$u_C = E\left(1 - e^{-\frac{t}{RC}}\right)$$

将上式代入 $i = \dfrac{u_R}{R} = \dfrac{E - u_C}{R}$ 中，得：

$$i = \dfrac{E}{R} e^{-\dfrac{t}{RC}}$$

式中，E、R、C 在具体电路中是常数。根据 u_C 和 i 两个函数式，可以绘成函数曲线，如图 4.4.13 所示。

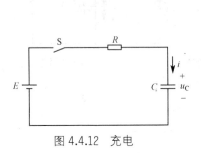

图 4.4.12　充电

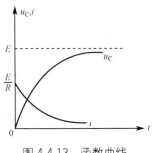

图 4.4.13　函数曲线

在 u_C 和 i 的两个式子中都含有指数函数项 $e^{-\dfrac{t}{RC}}$，在这个指数函数中，由 R 与 C 乘积构成的常数 $[RC] = [\Omega \cdot F] = [\Omega \cdot \dfrac{C}{V}] = [\dfrac{C}{A}] = [s]$，具有时间的量纲，其单位是 s，所以叫做时间常数，用 τ 表示，即 $\tau = RC$。

理论上，按照指数规律，需要经过无限长的时间，瞬态过程才能结束。但当 $t = (3 \sim 5)\tau$ 时，电容上的电压已达 $(0.95 \sim 0.99)E$，见表 4.4.2，通常认为电容器充电基本结束，电路进入了稳态。

表 4.4.2　时间常数

t	0	0.8τ	τ	2τ	2.3τ	3τ	5τ
$i = \dfrac{E}{R} e^{-\dfrac{t}{\tau}}$	$\dfrac{E}{R}$	$0.45\dfrac{E}{R}$	$0.37\dfrac{E}{R}$	$0.14\dfrac{E}{R}$	$0.1\dfrac{E}{R}$	$0.05\dfrac{E}{R}$	$0.01\dfrac{E}{R}$
$u_C = E\left(1 - e^{-\dfrac{t}{\tau}}\right)$	0	$0.55E$	$0.63E$	$0.86E$	$0.9E$	$0.95E$	$0.99E$

从该表中可以看出，当 $t = \tau$ 时，充电电流 i 恰好减小到其初始值 E/R 的 37%。因此，时间常数 τ 是瞬态过程已经变化了总变化量的 63%（下余 37%）所经过的时间。时间常数 τ 越大，则充电的速度越慢，瞬态过程越长，这就是时间常数的物理意义。时间常数 τ 仅由电路参数 R 和 C 决定。所以 τ 只与 R 和 C 的乘积有关，与电路的初始状态和外加激励无关。

时间常数可用三种方法求取。

方法一：直接按时间常数的定义计算。电阻 R 是从电容连接端口看进去的等效电阻。

方法二：根据电容电压充电曲线，找出电容电压由初始值变化到总变化量的 63% 或 37% 时所对应的时间，如图 4.4.14（a）所示。

方法三：如图 4.4.14（b）所示，根据电容电压放电曲线，如果电容电压保持初始速度不变，达到终止时对应的时间即为时间常数。

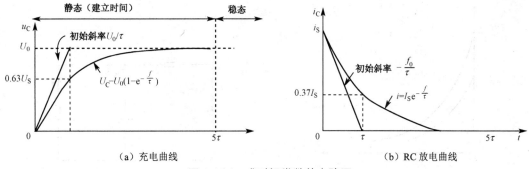

(a) 充电曲线　　　　　　　　(b) RC 放电曲线

图 4.4.14　求时间常数的电路图

例 2：在图 4.4.12 所示的电路中，已知 $E = 100\text{ V}$，$R = 1\text{ M}\Omega$，$C = 50\text{ μF}$，问当 S 闭合后经过多少时间电流 i 减小到其初始值的一半？

解：i 的初始值的一半为 $\dfrac{E}{R} \times 0.5 = 100 \times 0.5\text{ μA} = 50\text{ μA}$，将它代入 $i = \dfrac{E}{R}\text{e}^{-\frac{t}{RC}}$ 中，得

$$50 = 100\,\text{e}^{-\frac{t}{50}}$$

$$\text{e}^{-\frac{t}{50}} = 0.5$$

$$\frac{t}{50} = 0.693$$

$$t = 50 \times 0.693 \approx 34.7\text{ s}$$

即开关闭合后，经 34.7 s 时，电流 i 正好减小到其初始值 100 μA 的一半。

2）RC 电路的放电

在 RC 电路中，当电容器充电至 $u_C = E$ 以后，将电路突然短接（开关 S 由接点 1 扳到接点 2），如图 4.4.15 所示，电容器就要通过电阻 R 放电。放电起始时，电容两端电压为 E，放电电流大小为 E/R。根据实验和理论推导都可以证明，电路中的电流 i、电阻上的电压 u_R 及电容上的电压 u_C 在瞬态过程中，仍然都是按指数规律变化的，直到最后电容器上电荷放尽，i、u_R 和 u_C 都等于零，即

$$i = -\frac{E}{R}\text{e}^{-\frac{t}{\tau}}$$

$$u_R = -E\text{e}^{-\frac{t}{\tau}}$$

$$u_C = E\text{e}^{-\frac{t}{\tau}}$$

式中，$\tau = RC$ 是电容器放电回路的时间常数。

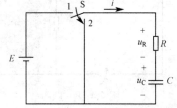

图 4.4.15　RC 电路的放电

u_C 和 i 随时间 t 变化的函数曲线如图 4.4.16 所示。

例 3：图 4.4.17 所示的电路中，已知 $C = 0.5\text{ μF}$，$R_1 = 100\text{ Ω}$，$R_2 = 50\text{ kΩ}$，$E = 200\text{ V}$，当电容器充电至 200 V 后，将开关 S 由接点 1 转向接点 2，求初始电流、时间常数以及接通后经过多长时间电容器电压降至 74 V？

解：初始电流为：

$$i(0_+) = \frac{u_C(0_+)}{R_2} = \frac{200}{50 \times 10^3} = 4 \times 10^{-3}\text{ A}$$

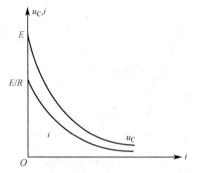

图 4.4.16 u_C 和 i 随时间 t 变化的函数曲线

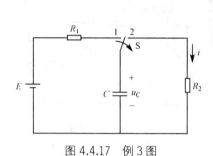

图 4.4.17 例 3 图

时间常数为：

$$\tau = R_2C = 50 \times 10^3 \times 0.5 \times 10^{-6} \text{s} = 25\text{ms}$$

根据

$$u_C = u_C(0_+)e^{-\frac{t}{\tau}}$$

$$e^{-\frac{t}{\tau}} = \frac{u_C}{u_C(0_+)} = \frac{74}{200} = 0.37$$

根据表 4.4.2 得电压降至 74 V 的时间为：

$$\frac{t}{\tau} = 1$$

$$t = \tau = 25 \text{ ms}$$

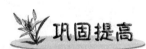

1. 图 4.4.18 所示电路中，已知 $E=12$ V，$R_1=4$ kΩ，$R_2=8$ kΩ，开关闭合前，电容两端电压为零，求开关 S 闭合瞬间各电流及电容两端电压的初始值。

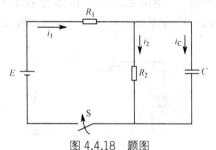

图 4.4.18 题图

2. 电阻 $R = 100000$ Ω 和电容 $C = 45$ μF 串联，与 $E = 100$ V 的直流电源接通，求：①时间常数；②最大充电电流；③接通后 0.9 s 时的电流和电容上的电压。

3. 在 RC 串联电路中，已知 $R = 200$ kΩ，$C = 5$ μF，直流电源 $E = 200$ V，求：①电路接通 1 s 时的电流；②接通后经过多少时间电流减小到初始值的一半。

第 3 步 测试容性电路参数

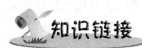

按图 4.4.19 那样把指示灯和电容器串联成一个电路，如果把它们接在直流电源上，灯不

亮，说明直流电不能通过电容器。如果把它们接在交流电源上，灯就亮了，说明交流电能"通过"电容器。这是为什么呢？原来，电流实际上并没有通过电容器的电介质，只不过是在交流电压的作用下，当电源电压增高时，电容器充电，电荷向电容器的极板上集聚，形成充电电流；当电源电压降低时，电容器放电，电荷从电容器的极板上放出，形成放电电流。电容器交替进行充电和放电，电路中就有了电流，就好似交流电"通过"了电容器。

1．电容对交流电的阻碍作用

在图 4.4.19 所示的实验中，如果把电容器从电路中取下来，使灯直接与交流电源相接，可以看到，灯要比接有电容器时亮得多。这表明电容也对交流电有阻碍作用。

电容对交流电的阻碍作用叫做容抗，用符号 X_C 表示，它的单位也是 Ω（欧）。

容抗的大小与哪些因素有关呢？在图 4.4.19 所示电路中，换用电容不同的电容器来做实验，可以看到，电容越大，指示灯越亮。这表明电容器的电容量越大，容抗越小。若仍用原来的电路，保持电源的电压有效值不变，而改变交流电的频率，重做实验，可以看到，频率越高，指示灯越亮。这表明交流电的频率越高，容抗越小。

为什么电容器的容抗与它的电容和交流电的频率有关呢？这是因为电容越大，在同样电压下电容器容纳的电荷越多，因此，充电电流和放电电流就越大，容抗就越小。交流电的频率越高，充电和放电就进行得越快，因此，充电电流和放电电流就越大，容抗就越小。进一步的研究指出，电容器的容抗 X_C 与它的电容 C 和交流电的频率 f 有如下的关系：

$$X_C = \frac{1}{\omega C} = \frac{1}{2\pi f C}$$

式中，X_C、f、C 的单位分别是 Ω（欧）、Hz（赫）、F（法）。

2．电流与电压的关系

只有电容的电路叫做纯电容电路。

下面用图 4.4.20 所示的电路来研究纯电容电路中电流与电压之间的大小关系。改变滑动触头 P 的位置，电路两端的电压和电路中的电流都随着改变。记下几组电流、电压的值，就会发现，在纯电容电路中，电流与电压成正比，即

$$I = \frac{U}{X_C}$$

这就是纯电容电路中欧姆定律的表达式。

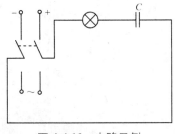
图 4.4.19　电路示例

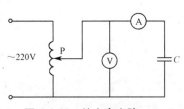
图 4.4.20　纯电容电路

电流和电压之间的相位关系，可以用图 4.4.21 所示的实验电路来进行观察。用手摇发电机或低频交流电源给电路通低频交流电，可以看到电流表和电压表两指针摆动的步调是不同的。这表明，电容两端的电压与其中的电流不是同相的。

进一步研究这个问题可以使用示波器。把电容两端的电压和其中电流的变化输送给示波器，从荧光屏上的电流和电压的波形可以看出，电容使交流电的电流超前于电压。精确的实验可以证明，在纯电容电路中，电流比电压超前π/2，它们的波形图和相量图如图 4.4.22 所示。

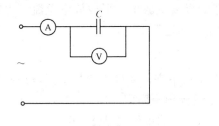

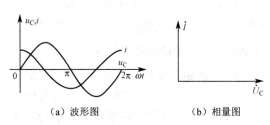

（a）波形图　　　　　　（b）相量图

图 4.4.21　实验电路　　　　　图 4.4.22　波形图和相量图

例 4：把电容量为 40 μF 的电容器接到交流电源上，通过电容器的电流为 $i = 2.75 \times \sqrt{2}\sin(314t + 30°)$ A，试求电容器两端的电压瞬时值表达式。

解：由通过电容器的电流解析式

$$i = 2.75 \times \sqrt{2}\sin(314t + 30°) \text{ A}$$

可以得到

$$I = 2.75 \text{ A}, \quad \omega = 314 \text{ rad/s}, \quad \varphi = 30°$$

电容器的容抗为

$$X_C = \frac{1}{\omega C} = \frac{1}{314 \times 40 \times 10^{-6}} = 80 \text{ Ω}$$

因此

$$U = X_C I = 80 \times 2.75 = 220 \text{ V}$$

电容器两端电压瞬时表达式为

$$u = 220\sqrt{2}\sin(314t - 60°) \text{ V}$$

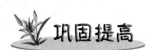

已知加在 2 μF 的电容器上的交流电压为 $u = 220\sqrt{2}\sin 314t$ V，求通过电容器的电流，写出电流瞬时值的表达式，并画出电压和电流的相量图。

学习领域五　RLC 电路

领域简介

谐振电路是由电感 L 和电容 C 组成，可以在一个或若干个频率上发生谐振现象的电路。在电子和无线电工程中，经常要从许多电信号中选取出人们所需要的电信号，而同时把不需要的电信号加以抑制或滤出，为此就需要有一个选择电路，即谐振电路。另一方面，在电力工程中，有可能由于电路中出现谐振而产生某些危害，如过电压或过电流。所以，对谐振电路的研究，无论是从利用方面，或是从限制其危害方面来看，都具有重要意义。

项目1　串联谐振电路的制作

学习目标

- ◆ 理解 RL、RC、RLC 串联电路的阻抗概念，并掌握其电压三角形、阻抗三角形的应用
- ◆ 了解串联谐振电路的特点
- ◆ 掌握串联谐振电路的谐振条件、谐振频率的计算方法
- ◆ 了解影响谐振曲线、通频带、品质因数的因素
- ◆ 了解串联谐振的利用与防护，了解谐振的典型工程应用和防护措施

工作任务

- ◆ RL、RC、RLC 串联电路的计算
- ◆ 串联谐振电路的分析

第 1 步　测试串联电路

电阻、电感、电容的串联电路

1. RLC 串联电路的电压关系

由电阻、电感和电容相串联所组成的电路，叫做 RLC 串联电路，如图 5.1.1 所示。

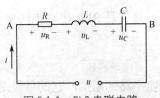

图 5.1.1　RLC 串联电路

设在此电路中通过的正弦交流电流为 $i = I_m\sin\omega t$，则根据 R、L、C 的基本特性可得各元器件的两端电压：

$$u_R = RI_m\sin(\omega t)$$
$$u_L = X_L I_m\sin(\omega t + 90°)$$
$$u_C = X_C I_m\sin(\omega t - 90°)$$

根据基尔霍夫电压定律，在任一时刻总电压 u 的瞬时值为

$$u = u_R + u_L + u_C$$

作出相量图，如图 5.1.2 所示，并得到各电压之间的大小关系为

$$U = \sqrt{U_R^2 + (U_L - U_C)^2}$$

上式又称为电压三角形关系式。

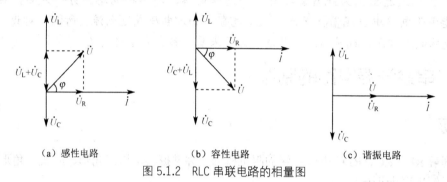

（a）感性电路　　　　（b）容性电路　　　　（c）谐振电路

图 5.1.2　RLC 串联电路的相量图

2. RLC 串联电路的阻抗

从图 5.1.2 中可以看到，电路的端电压与各分电压构成一个直角三角形，叫做电压三角形。端电压为直角三角形的斜边，直角边由两个分量组成，一个分量是与电流相位相同的分量，也就是电阻两端的电压 U_R；另一个分量是与电流相位相差 90°的分量，也就是电感与电容两端电压之差 $|U_L - U_C|$。

由电压三角形可得到：端电压有效值与各分电压有效值的关系是相量和，而不是代数和。根据勾股定理

$$U = \sqrt{U_R^2 + (U_L - U_C)^2}$$

将 $U_R = RI$，$U_L = X_L I$，$U_C = X_C I$ 代入上式，得：

$$U = \sqrt{R^2 + (X_L - X_C)^2}\, I = |Z|I$$

或

$$I = \frac{U}{|Z|}$$

这就是 RLC 串联电路中欧姆定律的表达式。式中

$$|Z| = \sqrt{R^2 + (X_L - X_C)^2}$$

叫做电路的阻抗，它的单位是Ω（欧）。

感抗和容抗两者之差叫做电抗，用 X 表示，即 $X = X_L - X_C$，单位为Ω（欧），故得：

$$|Z| = \sqrt{R^2 + X^2}$$

将电压三角形各边同除以电流 I 可得到阻抗三角形。斜边为阻抗 $|Z|$，直角边为电阻 R 和电抗 X，如图 5.1.3 所示。$|Z|$ 和 R 两边的夹角 φ 也叫做阻抗角，它就是端电压和电流的相位差，即：

$$\varphi = \arctan\frac{X_L - X_C}{R} = \arctan\frac{X}{R}$$

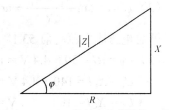

图 5.1.3 RLC 串联电路的阻抗三角形

3. RLC 串联电路的性质

由上述可知，电阻两端电压与电流同相，电感两端电压较电流超前 90°，电容两端电压较电流落后 90°。因此，电感上的电压 u_L 与电容上的电压 u_C 是反相的，故 RLC 串联电路的性质要由这两个电压分量的大小来决定。由于串联电路中电流相等，而 $U_L = X_L I$，$U_C = X_C I$，所以，电路的性质，实际上是由 X_L 和 X_C 的大小来决定的，故可将电路分为三种性质。

1）感性电路

当 $X_L > X_C$，则 $U_L > U_C$。端电压应为三个电压 $\dot{U}_R$、$\dot{U}_L$、$\dot{U}_C$ 的相量和，如图 5.1.2（a）所示。由图可知，端电压较电流超前一个小于 90° 的 φ，电路呈电感性，叫做电感性电路。端电压 u 与电流 i 的相位差为：

$$\varphi = \varphi_{u0} - \varphi_{i0} = \arctan\frac{U_L - U_C}{U_R} > 0$$

2）容性电路

当 $X_L < X_C$，则 $U_L < U_C$。它们的相量关系如图 5.1.2（b）所示，端电压较电流滞后一个小于 90° 的 φ，电路呈电容性，叫做电容性电路。端电压 u 与电流 i 的相位差为：

$$\varphi = \varphi_{u0} - \varphi_{i0} = \arctan\frac{U_L - U_C}{U_R} < 0$$

这时 φ 为负值。

3）谐振电路

当 $X_L = X_C$，则 $U_L = U_C$。电感两端电压和电容两端电压大小相等，相位相反，如图 5.1.2（c）所示。故端电压就等于电阻两端的电压 $U = U_R$。端电压 u 与电流 i 的相位差为：

$$\varphi = \varphi_{u0} - \varphi_{i0} = 0$$

电路呈电阻性。电路的这种状态叫做串联谐振。

例 1：在 RLC 串联电路中，交流电源电压 $U = 220\ \text{V}$，频率 $f = 50\ \text{Hz}$，$R = 30\ \Omega$，$L = 445\ \text{mH}$，$C = 32\ \mu\text{F}$。试求：（1）电路中的电流大小 I；（2）总电压与电流的相位差 φ；（3）各元器件上的电压 U_R、U_L、U_C。

解：

（1）$X_L = 2\pi f L = 2 \times 3.14 \times 50 \times 0.445\ \Omega \approx 140\ \Omega$

$$X_C = \frac{1}{2\pi f C} = \frac{1}{2 \times 3.14 \times 50 \times 32 \times 10^{-6}}\ \Omega \approx 100\ \Omega$$

$$|Z| = \sqrt{R^2 + (X_L - X_C)^2} = \sqrt{30^2 + (140-100)^2}\ \Omega = 50\ \Omega$$

则 $I = \dfrac{U}{|Z|} = 4.4\ \text{A}$

（2）$\varphi = \arctan\dfrac{X_L - X_C}{R} = \arctan\dfrac{140 - 100}{30} = 53.1°$

即总电压比电流超前 53.1°，电路呈感性。

（3）$U_R = RI = 30 \times 4.4\ \text{V} = 132\ \text{V}$

$U_L = X_L I = 140 \times 4.4\ \text{V} = 616\ \text{V}$

$U_C = X_C I = 100 \times 4.4\ \text{V} = 440\ \text{V}$

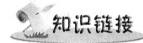

1. RL 串联电路

当电路中 $X_C = 0$，即 $U_C = 0$，这时电路就是 RL 串联电路，其相量图如图 5.1.4（a）所示。端电压与电流的数值关系为：

$$U = \sqrt{U_R^2 + U_L^2} = \sqrt{R^2 + X_L^2}\, I = |Z| I$$

或

$$I = \dfrac{U}{|Z|}$$

这就是 RL 串联电路中欧姆定律的表达式，式中：

$$|Z| = \sqrt{R^2 + X_L^2}$$

阻抗 $|Z|$、电阻 R 和感抗 X_L 也构成一阻抗三角形，如图 5.1.4（b）所示。

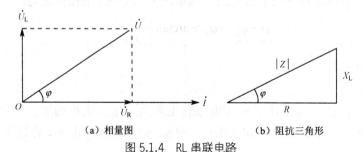

（a）相量图　　　　（b）阻抗三角形

图 5.1.4　RL 串联电路

例 2：在 RL 串联电路中，已知电阻 $R = 40\ \Omega$，电感 $L = 95.5\ \text{mH}$，外加频率为 $f = 50\ \text{Hz}$、$U = 200\ \text{V}$ 的交流电压源，试求：（1）电路中的电流 I；（2）各元件电压 U_R、U_L；（3）总电压与电流的相位差 φ。

解：（1）$X_L = 2\pi f L = 2 \times 3.14 \times 50 \times 95.5 \times 10^{-3}\ \Omega \approx 30\ \Omega$

$|Z| = \sqrt{R^2 + X_L^2} = \sqrt{40^2 + 30^2}\ \Omega = 50\ \Omega$

则 $I = \dfrac{U}{|Z|} = \dfrac{200}{50}\ \text{A} = 4\ \text{A}$

（2）$U_R = RI = 40 \times 4\ \text{V} = 160\ \text{V}$

$U_L = X_L I = 30 \times 4\ \text{V} = 120\ \text{V}$

显然 $U = \sqrt{U_R^2 + U_L^2} = \sqrt{160^2 + 120^2}\ \text{V} = 223.6\ \text{V}$

（3）$\varphi = \arctan\dfrac{X_L}{R} = \arctan\dfrac{30}{40} = 36.9°$

即总电压 u 比电流 i 超前 $36.9°$，电路呈感性。

2. RC 串联电路

当电路中 $X_L = 0$，即 $U_L = 0$，这时电路就是 RC 串联电路，其相量图如图 5.1.5（a）所示。端电压与电流的数值关系为：

$$U = \sqrt{U_R^2 + U_C^2} = \sqrt{R^2 + X_C^2}\, I = |Z|I$$

或

$$I = \dfrac{U}{|Z|}$$

这就是 RC 串联电路中欧姆定律的表达式，式中：

$$|Z| = \sqrt{R^2 + X_C^2}$$

阻抗 $|Z|$、电阻 R 和容抗 X_C 也构成一阻抗三角形，如图 5.1.5（b）所示。

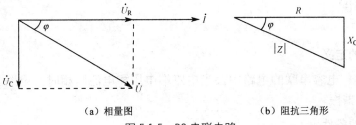

（a）相量图　　　　　　（b）阻抗三角形

图 5.1.5　RC 串联电路

例 3：在 RC 串联电路中，已知：电阻 $R = 60\ \Omega$，电容 $C = 20\ \mu F$，外加电压为 $u = 141.2\sin 628t$ V。试求：（1）电路中的电流 I；（2）各元件电压 U_R、U_C；（3）总电压与电流的相位差 φ。

解：（1）由

$$X_C = \dfrac{1}{\omega C} = \dfrac{1}{628 \times 20 \times 10^{-6}}\ \Omega = 80\ \Omega$$

$$|Z| = \sqrt{R^2 + X_C^2} = \sqrt{60^2 + 80^2}\ \Omega = 100\ \Omega$$

$$U = \dfrac{141.2}{\sqrt{2}}\ \text{V} = 100\ \text{V}$$

则电流为 $I = \dfrac{U}{|Z|} = \dfrac{100}{100}\ \text{A} = 1\ \text{A}$

（2）$U_R = RI = 60 \times 1\ \text{V} = 60\ \text{V}$

$U_C = X_C I = 80 \times 1\ \text{V} = 80\ \text{V}$

显然 $U = \sqrt{U_R^2 + U_C^2} = \sqrt{60^2 + 80^2}\ \text{V} = 100\ \text{V}$

（3）$\varphi = -\arctan\dfrac{X_C}{R} = -\arctan\dfrac{80}{60} = -53.1°$

即总电压比电流滞后 $53.1°$，电路呈容性。

第2步 测试串联谐振电路

在物理学里,有一个概念叫共振:当策动力的频率和系统的固有频率相等时,系统受迫振动的振幅最大,这种现象叫共振。电路里的谐振其实也是这个意思:当电路的激励的频率等于电路的固有频率时,电路的电磁振荡的振幅也将达到峰值。实际上,共振和谐振表达的是同样一种现象。这种具有相同实质的现象在不同的领域里有不同的叫法。

收音机利用的就是谐振现象。转动收音机的旋钮时,就是在变动里边电路的固有频率。忽然,在某一点,电路的频率和空气中原来不可见的电磁波的频率相等,于是,它们发生了谐振,远方的声音从收音机中传出来,这声音就是谐振的产物。

1. 串联谐振的定义

在电阻、电感、电容串联的电路中,当电路端电压和电流同相时,电路呈电阻性,电路的这种状态叫做串联谐振。

2. 串联谐振的条件

可以先做一个简单的实验,将三个元器件 R、L 和 C 与一个指示灯串联,接在频率可调的正弦交流电源上,并保持电源电压不变。

实验时,将电源频率逐渐由小调大,发现指示灯也慢慢由暗变亮。当达到某一频率时,指示灯最亮,当频率继续增加时,又会发现指示灯又慢慢由亮变暗。指示灯亮度随频率改变而变化,意味着电路中的电流随频率而变化。怎么解释这个现象呢?

在电路两端加上正弦电压 U,根据欧姆定律有:

$$I = \frac{U}{|Z|}$$

式中:

$$|Z| = \sqrt{R^2 + (X_L - X_C)^2} = \sqrt{R^2 + \left(\omega L - \frac{1}{\omega C}\right)^2}$$

ωL 和 $\frac{1}{\omega C}$ 都是频率的函数。当频率较低时,容抗大而感抗小,阻抗 $|Z|$ 较大,电流较小;当频率较高时,感抗大而容抗小,阻抗 $|Z|$ 也较大,电流也较小。在这两个频率之间,总会有某一频率,在这个频率时,容抗和感抗恰好相等。这时阻抗最小且为纯电阻,所以,电流最大,且与端电压同相,这就发生了串联谐振。

根据上述分析,串联谐振的条件为:

$$X_L = X_C$$

即：
$$\omega_0 L = \frac{1}{\omega_0 C}$$

或：
$$\omega_0 = \frac{1}{\sqrt{LC}}$$
$$f_0 = \frac{1}{2\pi\sqrt{LC}}$$

f_0 叫做谐振频率。可见，当电路的参数 L 和 C 一定时，谐振频率也就确定了。如果电源的频率一定，可以通过调节 L 或 C 的大小来实现谐振。

3. 串联谐振的特点

（1）因为串联谐振时，$X_L = X_C$，故谐振时电路的阻抗为：
$$|Z_0| = R$$
其值最小，且为纯电阻。

（2）串联谐振时，因阻抗最小，在电源电压 U 一定时，电流最大，其值为：
$$I_0 = \frac{U}{|Z_0|} = \frac{U}{R}$$
由于电路呈纯电阻，故电流与电源电压同相，其 $\varphi = 0$。

（3）电阻两端电压等于总电压，电感和电容两端的电压相等，其大小为总电压的 Q 倍，即：
$$U_R = RI_0 = R\frac{U}{R} = U$$
$$U_L = U_C = X_L I_0 = X_C I_0 = \frac{\omega_0 L}{R}U = \frac{1}{\omega_0 CR}U = QU$$

式中，Q 叫做串联谐振电路的品质因数，其值为：
$$Q = \frac{\omega_0 L}{R} = \frac{\sqrt{L/C}}{R}$$

可见，谐振电路的品质因数由电路中的元器件特性参数所决定，谐振电路中的品质因数，一般可达 100 左右。可见，电感和电容上的电压比电源电压大很多倍，故串联谐振也叫做电压谐振。线圈的电阻越小，电路消耗的能量也越小，则表示电路品质好，品质因数高；若线圈的电感 L 越大，储存的能量也就越多，而损耗一定时，同样也说明电路品质好，品质因数高。所以，在电子技术中，由于外来信号微弱，常常利用串联谐振来获得一个与信号电压频率相同，但大很多倍的电压。

（4）谐振时，电能仅供给电路中电阻消耗，电源与电路间不发生能量转换，而电感与电容间进行着磁场能和电场能的转换。

4. 串联谐振的应用

串联谐振电路常用来对交流信号进行选择，例如接收机中选择电台信号，即调谐。

在 RLC 串联电路中，阻抗大小 $|Z| = \sqrt{R^2 + (\omega L - \frac{1}{\omega C})^2}$，设外加交流电源（又称信号源）电压 u_S 的大小为 U_S，则电路中电流的大小：

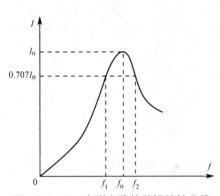

图 5.1.6 RLC 串联电路的谐振特性曲线

$$I = \frac{U_s}{|Z|} = \frac{U_s}{\sqrt{R^2 + (\omega L - \frac{1}{\omega C})^2}}$$

由于 $I_0 = \frac{U_s}{R}$，$Q = \frac{\omega_0 L}{R} = \frac{1}{\omega_0 CR}$ 则，

$$\frac{I}{I_0} = \frac{1}{\sqrt{1 + Q^2(\frac{\omega}{\omega_0} - \frac{\omega_0}{\omega})^2}}$$

此式表达出电流大小与电路工作频率之间的关系，叫做串联电路的电流幅频特性。电流大小 I 随频率 f 变化的曲线，叫做谐振特性曲线，如图 5.1.6 所示。

当外加电源 u_S 的频率 $f=f_0$ 时，电路处于谐振状态；当 $f \neq f_0$ 时，称为电路处于失谐状态，若 $f<f_0$，则 $X_L<X_C$，电路呈容性；若 $f>f_0$，则 $X_L>X_C$，电路呈感性。

在实际应用中，规定把电流 I 范围在（$0.7071 I_0 < I < I_0$）所对应的频率范围（$f_1 \sim f_2$）叫做串联谐振电路的通频带（又叫做频带宽度），用符号 B 或 Δf 表示，其单位也是频率的单位。

理论分析表明，串联谐振电路的通频带为

$$B = \Delta f = f_2 - f_1 = \frac{f_0}{Q}$$

频率 f 在通频带以内（即 $f_1<f<f_2$）的信号，可以在串联谐振电路中产生较大的电流，而频率 f 在通频带以外（即 $f<f_1$ 或 $f>f_2$）的信号，仅在串联谐振电路中产生很小的电流，因此谐振电路具有选频特性。

Q 值越大说明电路的选择性越好，但频带较窄；反之，若频带越宽，则要求 Q 值越小，而选择性越差；即选择性与频带宽度是相互矛盾的两个物理量。

（1）如何使 RLC 串联电路发生谐振？

（2）已知 RLC 串联电路的品质因数 $Q=200$，当电路发生谐振时，L 和 C 上的电压值均大于回路的电源电压，这是否与基尔霍夫定律有矛盾？

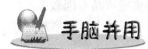

RLC 串联谐振电路实验

1．器材准备

（1）函数信号发生器 1 台；

（2）交流毫伏表 1 只；

（3）电阻、电容、电感各 1 个；

（4）示波器 1 台；

（5）谐振电路实验电路板 1 块。

2. 实验步骤

（1）按图 5.1.7 组成监视、测量电路。用交流毫伏表测电压，用示波器监视信号源输出。令信号源输出电压 $U_i = 4$ V，并保持不变。

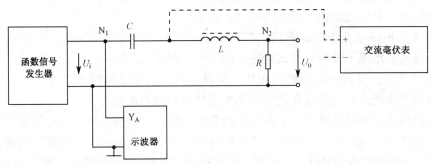

图 5.1.7　实验电路

（2）找出电路的谐振频率 f_0，其方法是，将交流毫伏表接在 R（200 Ω）两端，令信号源的频率由小逐渐变大（注意要维持信号源的输出幅度不变），当 U_0 的读数为最大时，读得频率计上的频率值即为电路的谐振频率 f_0，并测量 U_C 与 U_L 之值（注意及时更换交流毫伏表的量限）。

（3）在谐振点两侧，按频率递增或递减 500 Hz 或 1 kHz，依次各取 5~8 个测量点，逐点测出 U_0、U_L、U_C 之值，并记录，并计算出对应频率下的电流值。

$U_i = 4$ V，$C = 0.1$ μF，$R = 200$ Ω，$f_0 =$_____，$f_2 - f_1 =$_____，$Q =$_____。

（4）用示波器观察并画出 R、L、C 串联谐振电路的输出波形。

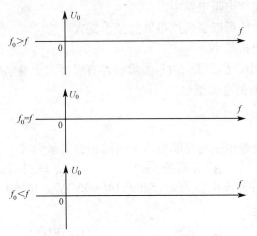

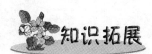

串联谐振电源在电力系统中应用的优点

（1）所需电源容量大大减小。串联谐振电源是利用谐振电抗器和被试品电容谐振产生高电压和大电流的，在整个系统中，电源只需要提供系统中有功消耗的部分，因此，试验所需的电源功率只有试验容量的 $1/Q$。

（2）设备的重量和体积大大减少。串联谐振电源中，不但省去了笨重的大功率调压装置和普通的大功率工频试验变压器，而且，谐振激磁电源只需试验容量的 $1/Q$，使得系统重量和体积大大减少，一般为普通试验装置的 $1/3\sim1/5$。

（3）改善输出电压的波形。谐振电源是谐振式滤波电路，能改善输出电压的波形畸变，获得很好的正弦波形，有效地防止了谐波峰值对试品的误击穿。

（4）防止大的短路电流烧伤故障点。在串联谐振状态，当试品的绝缘弱点被击穿时，电路立即脱谐，回路电流迅速下降为正常试验电流的 $1/Q$。而并联谐振或者试验变压器方式做耐压试验时，击穿电流立即上升几十倍，两者相比，短路电流与击穿电流相差数百倍。所以，串联谐振能有效地找到绝缘弱点，又不存在大的短路电流烧伤故障点的忧患。

（5）不会出现任何恢复过电压。试品发生击穿时，因失去谐振条件，高电压也立即消失，电弧即刻熄灭，且恢复电压的再建立过程很长，很容易在再次达到闪落电压前断开电源，这种电压的恢复过程是一种能量积累的间歇振荡过程，其过程长，而且，不会出现任何恢复过电压。

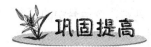

巩固提高

1．判断题

（1）电路发生谐振时，电源只供给电阻耗能，而电感元器件和电容元器件进行能量转换。
（　　）
（2）谐振也可能发生在纯电阻电路中。（　　）
（3）电阻串联阻值变大，所以复阻抗串联阻值也变大。（　　）
（4）发生谐振时，复阻抗最小。（　　）
（5）在 RLC 串联电路中，U_R、U_L、U_C 的数值都有可能大于端电压。（　　）
（6）RLC 串联谐振又叫做电流谐振。（　　）

2．选择题

（1）在纯电容电路中交流电压与交流电流之间的相位关系为（　　）。
　　A．u 超前 i $\pi/2$　　B．u 滞后 i $\pi/2$　　C．u 与 i 同相　　D．u 与 i 反相

（2）若电路中某元器件的端电压为 $u=5\sin(314t+35°)$V，电流 $i=2\sin(314t+125°)$A，u、i 为关联方向，则该元器件是（　　）。
　　A．电阻　　　　　　B．电感　　　　　　C．电容

（3）在纯电感电路中交流电压与交流电流之间的相位关系为（　　）。
　　A．u 超前 i $\pi/2$　　B．u 滞后 i $\pi/2$　　C．u 与 i 同相　　D．u 与 i 反相

（4）串联谐振的条件是（　　）。
　　A．$f_0=\dfrac{1}{2\pi\sqrt{2C}}$　　B．$f_0=\dfrac{1}{\sqrt{2C}}$　　C．$f_0=\sqrt{2C}$　　D．$f_0=2\pi\sqrt{2C}$

3. 填空题

（1）在 RLC 串联电路中，当 $X_L > X_C$ 时，电路呈_____性；当 $X_L < X_C$ 时，电路呈_____性；当 $X_L = X_C$ 时，电路呈_____性。

（2）在 RL 串联电路中，若已知 $U_R = 6$ V，$U = 10$ V，则电压 $U_L =$ _____V，总电压_____总电流，电路呈_____性。

（3）RLC 串联电路发生谐振，$U_S = 100$ mV，$R = 10\ \Omega$，$X_L = 20\ \Omega$，则谐振时的容抗为_____，谐振电流为_____。

（4）RLC 串联谐振电路中，已知总电压 $U = 20$ V，电流 $I = 10$ A，容抗 $X_C = 5\ \Omega$，则感抗 $X_L =$ _____，电阻 $R =$ _____。

（5）一电路为 LC 串联谐振，$\omega = 1000$ rad/s，而 $C = 100\ \mu F$，求 $L =$ _____H。

（6）串联谐振的条件是_____。

4. 计算与分析题

（1）RLC 串联电路中，$R = 16\ \Omega$，$X_L = 4\ \Omega$，$X_C = 16\ \Omega$，电源电压 $u = 100\sqrt{2}\sin(314t+30°)$ V 求此电路的阻抗 Z、电流和电压。

（2）一个电感线圈 $R = 15\ \Omega$，$L = 0.23$ mH，与 100 pF 的电容器并联，求该并联电路的谐振频率、谐振时的阻抗和品质因数。

项目 2　并联谐振电路的制作

学习目标

- 了解非正弦周期波的分解方法，理解谐波的概念
- 了解并联谐振电路的特点
- 掌握并联谐振电路的谐振条件、谐振频率的计算方法

工作任务

- 非正弦周期量及其分解
- 谐振频率的计算

第 1 步　认识非正弦周期波

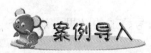
案例导入

前面讨论的正弦交流电路，电流和电压都是按照正弦规律变化的，但是在许多场合下，电流和电压并不是正弦波。例如常见的方波和锯齿波，如图 5.2.1 所示，它们仍按一定的规律重复，所以称这种信号为非正弦周期信号。

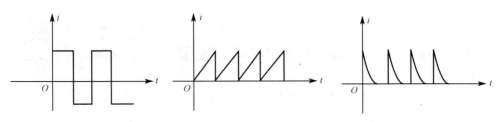

图 5.2.1　几种常见的非正弦周期波

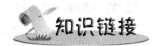

1. 非正弦周期量的产生

非正弦周期电压产生的原因很多，通常有以下三种情况。

（1）采用非正弦交流电源，如方波发生器、锯齿波发生器等脉冲信号源，输出的电压就是非正弦周期电压。

（2）同电路中有不同频率的电源共同作用。如将一个频率为 50 Hz 的正弦电压，与另一个频率为 100 Hz 的正弦电压加起来，就得到一个非正弦的周期电压。

（3）电路中存在非线性元器件。如图 5.2.2 所示的二极管整流电路就是这样，加在整流电路输入端的电压是正弦的，而负载上所输出的电压已不再是原来的正弦电压，而变为非正弦周期电压。

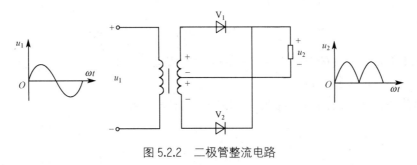

图 5.2.2　二极管整流电路

在通信技术中，由语音、音乐、图像等转换来的信号，自动控制及电子计算中大量使用的脉冲信号，都是非正弦信号。

2. 非正弦周期量的谐波分析

1）非正弦波的合成

一个非正弦波的周期信号，可以看成是由一些不同频率的正弦波信号叠加的结果，这一个过程称为谐波分析。

将两个音频信号发生器串联，如图 5.2.3（a）所示，把 e_1 的频率调到 100 Hz，e_2 的频率调到 300 Hz，则 e_1 和 e_2 合成后的波形如图 5.2.3（b）所示。

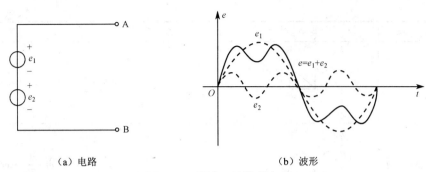

(a)电路　　　　　　　　　　(b)波形

图 5.2.3　两个正弦波的合成

2)非正弦波的分解

由上可知,两个频率不同的正弦波可以合成一个非正弦波。反之,一个非正弦波也可分解成几个不同频率的正弦波。

由图 5.2.3(b)可见,总的电源电动势为

$$e = e_1 + e_2 = E_{1m}\sin(\omega t) + E_{2m}\sin(3\omega t)$$

e_1 和 e_2 叫做非周期信号的谐波分量。

e_1 的频率与非正弦波的频率相同,称为非正弦波的基波或一次谐波;e_2 的频率为基波的三倍,称为三次谐波。

谐波分量的频率是基波的几倍,就称它为几次谐波。非正弦波含有的直流分量,可以看成是频率为零的正弦波,叫零次谐波。

非正弦波用谐波分量表示的一般形式为:

$$f(t) = A_0 + A_{1m}\sin(\omega t + \varphi_1) + A_{2m}\sin(2\omega t + \varphi_2) + \cdots + A_{km}\sin(k\omega t + \varphi_k)$$

式中,A_0——零次谐波(直流分量);

$A_{1m}\sin(\omega t + \varphi_1)$——基波(交流分量);

$A_{2m}\sin(2\omega t + \varphi_2)$——二次谐波(交流分量);

$A_{km}\sin(k\omega t + \varphi_k)$——$k$ 次谐波(交流分量)。

谐波分析就是对一个已知的波形信号,求出它所包含的多次谐波分量,并用谐波分量的形式表示。

表 5.2.1 给出了几个简单的非正弦波的谐波分量的表示式。

表 5.2.1　几种非正弦波的谐波分量的表示式

	名　称	波　形	谐波分量表示式
1	矩形波	(矩形波波形图)	$f(t) = \dfrac{4A}{\pi}\left(\sin\omega t + \dfrac{1}{3}\sin 3\omega t + \dfrac{1}{5}\sin 5\omega t + \cdots\right)$
2	等腰三角波	(等腰三角波波形图)	$f(t) = \dfrac{8A}{\pi^2}\left(\sin\omega t - \dfrac{1}{9}\sin 3\omega t + \dfrac{1}{25}\sin 5\omega t - \cdots\right)$

续表

名称	波形	谐波分量表示式
3 锯齿波	![锯齿波波形]	$f(t) = \dfrac{A}{2} - \dfrac{A}{\pi}\left(\sin\omega t + \dfrac{1}{2}\sin 2\omega t + \dfrac{1}{3}\sin 3\omega t + \cdots\right)$
4 正弦整流全波	![正弦整流全波波形]	$f(t) = \dfrac{4A}{\pi}\left(\dfrac{1}{2} + \dfrac{1}{3}\cos 2\omega t - \dfrac{1}{15}\cos 4\omega t + \dfrac{1}{35}\cos 6\omega t - \cdots\right)$
5 方形脉冲	![方形脉冲波形]	$f(t) = \dfrac{\tau A}{T} + \dfrac{2A}{\pi}\left(\sin\dfrac{\tau\pi}{T}\cos\omega t + \dfrac{1}{2}\sin\dfrac{2\tau\pi}{T}\cos 2\omega t + \dfrac{1}{3}\sin\dfrac{3\tau\pi}{T}\cos 3\omega t + \cdots\right)$
6 正弦整流半波	![正弦整流半波波形]	$f(t) = \dfrac{2A}{\pi}\left(\dfrac{1}{2} + \dfrac{\pi}{4}\cos\omega t + \dfrac{1}{3}\cos 2\omega t - \dfrac{1}{15}\cos 4\omega t - \cdots\right)$

第 2 步　测试电感器与电容的并联谐振电路

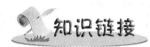

知识链接

1. 电感线圈和电容的并联电路

实际电感与电容并联，可以构成 LC 并联谐振电路（通常称为 LC 并联谐振回路），由于实际电感可以看成一只电阻 R（叫做线圈导线铜损电阻）与一理想电感 L 相串联，所以 LC 并联谐振回路为 R、L 串联再与电容 C 并联，如图 5.2.4 所示。

电容 C 支路的电流为：

$$I_C = \dfrac{U}{X_C} = \omega C U$$

电感线圈 RL 支路的电流为：

$$I_1 = \dfrac{U}{\sqrt{R^2 + X_L^2}} = \sqrt{I_{1R}^2 + I_{1L}^2}$$

其中 I_{1R} 是 I_1 中与路端电压同相的分量，I_{1L} 是 I_1 中与路端电压正交（垂直）的分量，如图 5.2.5 所示。

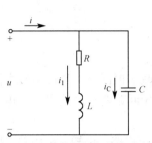

图 5.2.4 电感线圈和电容的并联电路

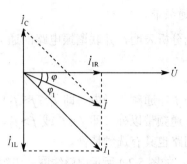

图 5.2.5 电感线圈和电容并联电路的相量图

由相量图可求得电路中的总电流为：

$$I = \sqrt{I_{1R}^2 + (I_{1L} - I_C)^2}$$

路端电压与总电流的相位差（即阻抗角）为：

$$\varphi = -\arctan\frac{I_{1L} - I_C}{I_{1R}}$$

由此可知：如果当电源频率为某一数值 f_0，使得 $I_{1L} = I_C$，则阻抗角 $\varphi = 0$，路端电压与总电流同相，即电路处于谐振状态。

2. 并联谐振电路的特点

1）谐振频率

对 LC 并联谐振是建立在 $Q_0 = \dfrac{\omega_0 L}{R} \gg 1$ 条件下的，即电路的感抗 $X_L \gg R$，Q_0 叫做谐振回路的空载 Q 值，实际电路一般都满足该条件。

理论上可以证明 LC 并联谐振角频率 ω_0 与频率 f_0 分别为

$$\omega_0 \approx \frac{1}{\sqrt{LC}}, \quad f_0 \approx \frac{1}{2\pi\sqrt{LC}}$$

2）谐振阻抗

谐振时电路阻抗达到最大值，且呈电阻性。谐振阻抗和电流分别为：

$$|Z_0| = R(1 + Q_0^2) \approx Q_0^2 R = \frac{L}{CR}$$

3）谐振电流

电路处于谐振状态，总电流为最小值：

$$I_0 = \frac{U}{|Z_0|}$$

谐振时 $X_{L0} \approx X_{C0}$，则电感 L 支路电流 I_{L0} 与电容 C 支路电流 I_{C0} 为：

$$I_{L0} \approx I_{C0} = \frac{U}{X_{C0}} \approx \frac{U}{X_{L0}} = Q_0 I_0$$

即谐振时各支路电流为总电流的 Q_0 倍，所以 LC 并联谐振又叫做电流谐振。

当 $f \neq f_0$ 时，称为电路处于失谐状态，对于 LC 并联电路来说，若 $f < f_0$，则 $X_L < X_C$，电路呈感性；若 $f > f_0$，则 $X_L > X_C$，电路呈容性。

4）通频带

理论分析表明，并联谐振电路的通频带为：

$$B = f_2 - f_1 = \frac{f_0}{Q}$$

频率 f 在通频带以内（即 $f_1 \leq f \leq f_2$）的信号，可以在并联谐振回路两端产生较大的电压，而频率 f 在通频带以外（即 $f < f_1$ 或 $f > f_2$）的信号，在并联谐振回路两端产生很小的电压，因此并联谐振回路也具有选频特性。

例 1：如图 5.2.4 所示电感线圈与电容器构成的 LC 并联谐振电路，已知 $R = 10\ \Omega$，$L = 80\ \mu H$，$C = 320\ pF$。试求：（1）该电路的固有谐振频率 f_0、通频带 B 与谐振阻抗 $|Z_0|$；（2）若已知谐振状态下总电流 $I = 100\ \mu A$，则电感 L 支路与电容 C 支路中的电流 I_{L0}、I_{C0} 为多少？

解：（1） $\omega_0 = \dfrac{1}{\sqrt{LC}} = \dfrac{1}{\sqrt{80 \times 10^{-6} \times 320 \times 10^{-12}}}\ \text{rad/s} \approx 6.25 \times 10^6\ \text{rad/s}$

$f_0 = \dfrac{1}{2\pi\sqrt{LC}} \approx 1\ \text{MHz}$

$Q = \dfrac{\omega_0 L}{R} = \dfrac{6.25 \times 10^6 \times 80 \times 10^{-6}}{10} = 50$

$B = \dfrac{f_0}{Q} = \dfrac{10^6}{50}\ \text{Hz} = 20\ \text{kHz}$

$|Z_0| = Q^2 R = 50^2 \times 10\ \Omega = 25\ \text{k}\Omega$

（2） $I_{L0} \approx I_{C0} = QI = 50 \times 100 \times 10^{-6}\ \text{A} = 5\ \text{mA}$。

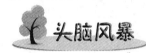

（1）为什么称并联谐振为电流谐振？相同 Q 值的并联谐振电路，在长波段和短波段，通频带是否相同？

（2）RLC 并联谐振电路的两端并联一个负载电阻 R_L 时，是否会改变电路的 Q 值？

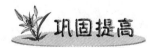

1. 判断题

（1）并联谐振在 L 和 C 支路上出现过流现象，因此常把并联谐振称为电流谐振。（　　）

（2）理想并联谐振电路对总电流产生的阻碍作用无穷大，因此总电流为零。（　　）

（3）电阻串联阻值变大，所以复阻抗串联阻值也变大。（　　）

（4）发生谐振时，复阻抗最小。（　　）

2. 选择题

（1）RLC 并联电路在 f_0 时发生谐振，当频率增加到 $2f_0$ 时，电路性质呈（　　）。

　　A．电阻性　　　　B．电感性　　　　C．电容性

（2）下列说法中，（　　）是正确的。

　　A．串谐时阻抗最小　　B．并谐时阻抗最小　　C．电路谐振时阻抗最小

（3）下列说法中，（　　）是不正确的。

　　A．并谐时电流最大　　B．并谐时电流最小　　C．理想并谐时总电流为零

3．填空题

（1）在 RLC 串联电路中，当 $X_L > X_C$ 时，电路呈____性；当 $X_L < X_C$ 时，电路呈____性；当 $X_L = X_C$ 时，电路呈____性。

（2）在 RL 串联电路中，若已知 $U_R = 6$ V，$U = 10$ V，则电压 $U_L = $____V，总电压____总电流，电路呈_____性。

（3）RLC 串联电路发生谐振，$U_S = 100$ mV，$R = 10$ Ω，$X_L = 20$ Ω，则谐振时的容抗为_____，谐振电流为_____。

（4）RLC 串联谐振电路中，已知总电压 $U = 20$ V，电流 $I = 10$ A，容抗 $X_C = 5$ Ω，则感抗 $X_L = $_____，电阻 $R = $_____。

（5）一电路为 LC 串联谐振，$\omega = 1000$ rad/s，而 $C = 100$ μF，求 $L = $_____H。

（6）串联谐振的条件是_____。

4．计算与分析题

（1）LC 并联谐振电路接在理想电压源上是否具有选频性？为什么？

（2）已知图 5.2.6 所示并联谐振电路的谐振角频率中 $\omega = 5 \times 10^6$ rad/s，$Q = 100$，谐振时电路阻抗等于 2 kΩ，试求电路参数 R、L 和 C。

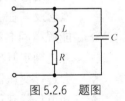

图 5.2.6　题图

（3）已知谐振电路如图 5.2.6 所示。已知电路发生谐振时 RL 支路电流等于 15 A，电路总电流为 9 A，试用相量法求出电容支路电流 I_C。

学习领域六　三相交流电路

领域简介

三相交流电路在电能的生产、输送和分配中应用非常广泛，掌握和灵活运用三相交流电路是从事电工工作必备的知识和技能。本领域从介绍互感现象入手，讲解互感线圈同名端的判定，学习变压器的工作原理与应用知识。从三相交流发电机的原理出发，介绍三相交流电的产生和特点，并讨论三相电源与三相负载的连接。

项目1　变压器的测试与分析

学习目标

- ◇ 知道互感的概念及互感在工程技术中的应用，能解释影响互感的因素；了解磁屏蔽的概念及其在工程技术中的应用
- ◇ 能解释同名端的概念，能说出同名端在工程技术中的应用，能解释影响同名端的因素并能判定互感线圈的同名端
- ◇ 会进行变压器的电压比、电流比和阻抗变换的计算
- ◇ 知道负载获得最大功率的条件及其应用
- ◇ 会使用单相调压器

工作任务

- ◇ 互感线圈同名端的判定
- ◇ 变压器的测试与分析

第1步　感知互感现象

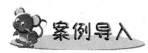

变压器是利用互感现象制成的一种电气设备，在电力系统和电子线路中广泛应用。收录机常用的稳压电源就是变压器的一种应用。

变压器的原理图如图 6.1.1 所示，与电源相连的称为一次绕组，与负载相连的称为二次绕组。一次绕组、二次绕组的匝数分别为 N_1 和 N_2，并且靠得很近。当变压器的一次绕组接上交流电压 U_1 时，一次绕组中便有电流 i_1 通过。电流 i_1 所产生得磁通 Φ_{11}，有一部分穿过二次绕组，用 Φ_{21} 表示，它在二次绕组中产生磁链 Ψ_{21}（$\Psi_{21} = N_2 \Phi_{21}$）。磁通 Φ_{21} 随 i_1 的变化而变化，磁链 Ψ_{21} 也随之变化，从而在二次绕组中产生感应电动势。如果二次绕组接有负载，有负载电流 i_2 产生。

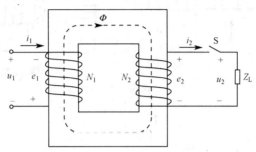

图 6.1.1 变压器的原理图

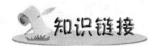

1. 互感现象

如前所述，由变压器一次绕组电流 i_1 所产生的穿过二次绕组的那部分磁通 Φ_{21}，称为互感磁通，由它所产生的磁链 Ψ_{21}，称为互感磁链。这种由于一个线圈流过电流所产生的磁通，穿过另一个线圈的现象，叫磁耦合。当 i_1 随时间变化，磁链 Ψ_{21} 也随时间变化，并在二次绕组中产生感应电动势，这种现象叫互感现象。产生的感应电动势叫互感电动势。

当二次绕组接负载后，二次绕组形成闭合回路，在互感电动势的作用下，在二次绕组回路中有电流 i_2 流过，它所产生的磁通 Φ_{22}，也会有一部分 Φ_{12} 穿过一次绕组，产生互感磁链 Ψ_{12}（$\Psi_{12} = N_1 \Phi_{12}$）。当电流 i_2 随时间变化时，也会在一次绕组中产生互感电动势。

2. 互感系数

在两个有磁耦合的线圈中，互感磁链与产生此磁链电流的比值，叫做这两个线圈的互感系数（或互感量），简称互感，用符号 M 表示，即

$$M = \frac{\Psi_{21}}{i_1} = \frac{\Psi_{12}}{i_2}$$

由上式可知，两个线圈中，当其中一个线圈通有 1 A 电流时，在另一线圈中产生的互感磁链数，就是这两个线圈之间的互感系数。互感系数的单位和自感系数一样，也是 H。

互感系数 M 取决于两个耦合线圈的几何尺寸、匝数、相对位置和磁介质。当磁介质为非铁磁性物质时，M 是常数。

工程上常用耦合系数 k 表示两个线圈磁耦合的紧密程度，耦合系数定义为

$$k = \frac{M}{\sqrt{L_1 L_2}}$$

显然，$k \leq 1$。当 k 近似为 1 时，为强耦合，两个线圈位置如图 6.1.2（a）所示；当 k 接近于零时，为弱耦合，两个线圈的位置如图 6.1.2（b）所示；当 $k=1$ 时，称两个线圈为全耦合，此时自感磁通全部为互感磁通。

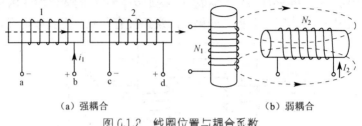

（a）强耦合　　　　　　　　　　　（b）弱耦合

图 6.1.2　线圈位置与耦合系数

3．互感电动势

在图 6.1.3（a）中，当线圈Ⅰ中的电流变化时，在线圈Ⅱ中产生变化的互感磁链 Ψ_{21}，而 Ψ_{21} 的变化将在线圈Ⅱ中产生互感电动势 e_{M2}。如果选择电流 i_1 与 Ψ_{21} 的参考方向以及 e_{M2} 与 Ψ_{21} 的参考方向都符合右手螺旋定则时，根据电磁感应定律，得

$$e_{M2} = -\frac{\Delta \Psi_{21}}{\Delta t} = -M\frac{\Delta i_1}{\Delta t}$$

同理，在图 6.1.3（b）中，当线圈Ⅱ中的电流 i_2 变化时，在线圈Ⅰ中也会产生互感电动势 e_{M1}，当 i_2 与 Ψ_{12} 以及 Ψ_{12} 与 e_{M1} 的参考方向均符合右手螺旋定则时，则有

$$e_{M1} = -\frac{\Delta \Psi_{12}}{\Delta t} = -M\frac{\Delta i_2}{\Delta t}$$

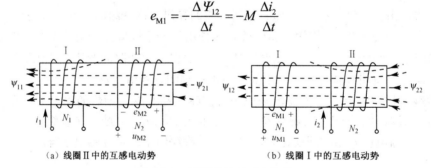

（a）线圈Ⅱ中的互感电动势　　　　　　（b）线圈Ⅰ中的互感电动势

图 6.1.3　线圈中的互感电动势

案例导入

某变压器的一次绕组由两个匝数相等、绕向一致的绕组组成，如图 6.1.4（a）中绕组 1—2 和 3—4。如每个绕组额定电压为 110 V，则当电源电压为 220 V 时，应把两个绕组串联起来使用，如图 6.1.4（b）所示接法；如电源电压为 110 V 时，则应将它们并联起来使用，如图 6.1.4（c）所示接法。当接法正确时，则两个绕组所产生的磁通方向相同，它们在铁芯中互相叠加。如接法错误，则两个绕组所产生的磁通就没有感应电动势产生，相当于断路状态，会烧坏变压器，如图 6.1.5 所示。实际中绕组的绕向是看不到的，而接法的正确与否，与同名端（同极性端）标记直接相关，因此同名端的判别相当重要。

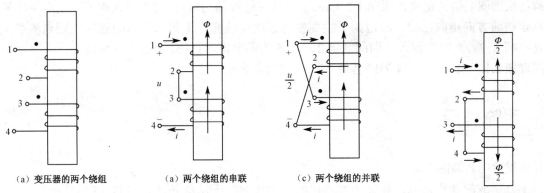

（a）变压器的两个绕组　　　（a）两个绕组的串联　　　（c）两个绕组的并联

图 6.1.4　变压器绕组的正确连接　　　　　图 6.1.5　变压器绕组的连接错误

互感线圈的同名端

当两个线圈通入电流，所产生的磁通方向相同时，两个线圈的电流流入端称为同名端（又称同极性端），反之为异名端。同名端用符号"·"标记。如图 6.1.6 所示，线圈 1 的端点"1"与线圈 2 的端点"3"为同名端。"2"、"4"也是一对同名端。采用同名端标记后，就可以不用画出线圈的绕向，如图 6.1.6（a）中两个互感线圈，可以用图 6.1.6（b）所示的电路模型来表示。

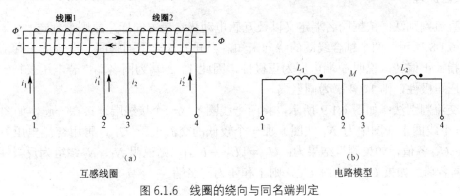

（a）　　　　　　　　　　　　　　　（b）
互感线圈　　　　　　　　　　　　　电路模型

图 6.1.6　线圈的绕向与同名端判定

例 1：电路如图 6.1.7 所示，试判断同名端。

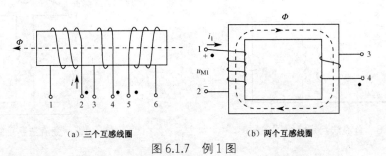

（a）三个互感线圈　　　　　（b）两个互感线圈

图 6.1.7　例 1 图

解：根据同名端的定义，图 6.1.7（a）中，从左边线圈的端点"2"通入电流，由右手螺旋定则判定磁通方向指向左边；右边两个线圈中通过的电流要产生相同方向的磁通，则电流必须从端点"4"、端点"5"流入，因此判定 2、4、5 为同名端，1、3、6 也为同名端。

同理图 6.1.7（b）中 1、4 为同名端，2、3 也为同名端。

互感线圈同名端的判定

对于已制成的变压器以及其他的电子仪器中的线圈，无法从外部观察其绕组的绕向，因此无法辨认其同名端，此时可用实验的方法进行测定。

1. 器材准备

（1）电工实验板 1 块；
（2）直流电源 16 V 左右；
（3）电流表 1 支；
（4）滑动变阻器 1 只；
（5）开关 1 只；
（6）已知绕法的互感线圈 2 只；
（7）导线若干。

2. 实验原理

（1）直流判别法：依据同名端定义以及互感电动势参考方向标注原则来判定。

如图 6.1.8 所示，两个耦合线圈的绕向未知，当开关 S 合上的瞬间，电流从 1 端流入，此时若电压表指针正偏转，说明 3 端电压为正极性，因此 1、3 端为同名端；若电压表指针反偏，说明 4 端电压正极性，则 1、4 端为同名端。

（2）交流判别法：如图 6.1.9 所示，将两个线圈各取一个接线端连接在一起，如图中的 2 和 4。并在一个线圈上（图中为 N_1 线圈）加一个较低的交流电压 U_{12}，再用交流电压表分别测量 U_{12}、U_{13}、U_{34} 各值，如果测量结果为：$U_{13}=|U_{12}-U_{34}|$，则说明 N_1、N_2 绕组为反极性串联，故 1 和 3 为同名端。如果 $U_{13}=U_{12}+U_{34}$，则 1 和 4 为同名端。

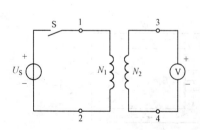

图 6.1.8　直流法判定绕组同名端

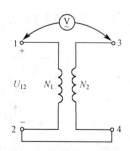

图 6.1.9　交流法判定绕组同名端

3. 操作步骤

(1) 按图 6.1.10 在实验板上将电源接入电路,并调节使 $E=16\text{ V}$。

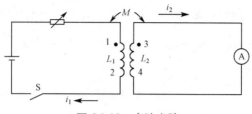

图 6.1.10　实验电路

(2) 将滑动变阻器的阻值调至最大,将开关 S 闭合,观察闭合的瞬间电流表的指针的偏转,并记录下 i_1、i_2 的方向(如电流表的指针偏转不明显可将滑动变阻器的阻值适当调小),填入表 6.1.1。

(3) 将开关 S 断开,观察断开的瞬间电流表的指针的偏转,并记录下 i_1,i_2 的方向,填入表 6.1.1。

(4) 判断两线圈的同名端,并填入表 6.1.1。

表 6.1.1　记录表

电路状态	i_1 方向及大小变化	i_2 方向	线圈 L_1、L_2 感应电动势同为正极性的端点	同名端判定
开关 S 闭合瞬间				
开关 S 断开瞬间				

头脑风暴

(1) 上述实验中,当开关闭合瞬间,i_1、i_2 的方向相同时可判断出哪两个端点是同名端,i_1、i_2 方向不同时又可判断出哪两个端点是同名端,为什么?

(2) 上述实验中,当开关断开瞬间,i_1、i_2 的方向相同时可判断出哪两个端点是同名端,i_1、i_2 方向不同时又可判断出哪两个端点是同名端,为什么?

知识链接

具有互感的线圈串联

将两个有互感的线圈串联起来有两种不同的连接方式。

(1) 顺向串联:将两个线圈的异名端相连接;

(2) 反向串联:将两个线圈的同名端相连接。

1. 顺向串联

如图 6.1.11（a）所示，设电流从端点 1 经过 2、3 流向端点 4，并且电流是减小的，则在两个线圈中出现 4 个感应电动势，两个自感电动势 e_{L1}、e_{L2}（与电流同方向）和两个互感电动势 e_{M1}、e_{M2}（与自感电动势同方向），总的感应电动势为这 4 个感应电动势之和，即

$$e = e_{L1} + e_{L2} + e_{M1} + e_{M2} = -(L_1 + L_2 + 2M)\frac{\Delta i}{\Delta t}$$

故顺向串联的等效电感为

$$L_1 + L_2 + 2M$$

2. 反向串联

如图 6.1.11（b）所示，电流从线圈的异名端流入（或流出）。同理，可推出反向串联的两个线圈的等效电感为

$$L_1 + L_2 - 2M$$

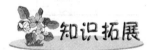

（a）顺向串联　　　　　　　　　　（b）反向串联

图 6.1.11　互感线圈的串联

由上述分析可见，当互感线圈顺向串联时，等效电感增加；反向串联时，等效电感减少，有削弱电感的作用。

知识拓展

磁屏蔽

在电子技术中，很多地方要利用互感，但有些地方却要避免互感现象，防止出现干扰和自激。例如，仪器中的变压器或其他线圈产生的漏磁通，可能影响某些元器件的正常工作，如破坏示波管或显像管中电子的聚焦。为此，必须将这些元器件屏蔽起来，使其免受外界磁场的影响，这种措施叫做磁屏蔽。

最常用的屏蔽措施就是利用铁磁性材料制成屏蔽罩，将需要屏蔽的元器件放在罩内。因为铁磁性材料的磁导率是空气的许多倍，因此，铁壁的磁阻比空气磁阻小得多，外界磁场的磁通在磁阻小的铁壁中通过，而进入屏蔽罩内的磁通很少，从而起到磁屏蔽的作用。有时为了更好地达到磁屏蔽的作用，常常采用多层铁壳屏蔽的办法，把漏进罩内的磁通一次一次地屏蔽掉。

对高频变化的磁场，常常用铜或铝等导电性能良好的金属制成屏蔽罩，交变的磁场在金属屏蔽罩上产生很大的涡流，利用涡流的去磁作用来达到磁屏蔽的目的。在这种情况下，一般不用铁磁性材料制成的屏蔽罩。这是由于铁的电阻率较大，涡流较小，去磁作用小，效果不好。

此外，在装配元器件时，应将相邻两线圈互相垂直放置，实现弱耦合，从而避免互感现象。

巩固提高

1．判断题

（1）互感系数与两个线圈中的电流均无关。   （   ）

（2）线圈 A 的一端与线圈 B 的一端为同名端，那么线圈 A 的另一端与线圈 B 的另一端就为异名端。   （   ）

（3）把两个互感线圈的异名端相连接叫顺串。   （   ）

（4）两个顺串线圈中产生的互感电动势方向是相同的。   （   ）

2．选择题

（1）下面说法中正确的是（   ）。

    A．两个互感线圈的同名端与线圈中的电流大小有关

    B．两个互感线圈的同名端与线圈中的电流方向有关

    C．两个互感线圈的同名端与线圈中的绕向有关

    D．两个互感线圈的同名端与线圈中的绕向无关

（2）互感系数与两个线圈的（   ）有关。

    A．电流变化   B．电压变化   C．感应电动势   D．相对位置

（3）两个反串线圈的 $k=0.5$，$L_1=0.9$ mH，$L_2=0.4$ mH，则等效电感为（   ）。

    A．13 mH   B．7 mH   C．19 mH   D．1 mH

（4）两个互感线圈顺串时等效电感为 50 mH，反串时等效电感为 30 mH，则互感系数为（   ）。

    A．10 mH   B．5 mH   C．20 mH   D．40 mH

3．填空题

（1）两个互感线圈同名端相连接叫做_____，异名端相连接叫做_____。

（2）耦合系数 k 的值在_____和_____之间。

4．计算与分析题

（1）两个靠得很近的线圈，已知甲线圈中电流变化率为 200 A/s 时，在乙线圈中产生 0.2V 的互感电动势，求两个线圈间的互感系数。又若甲线圈中的电流为 3 A，求由甲线圈产生而与乙线圈交链的磁链。

（2）若有两个线圈，第一个线圈的电感是 0.8 H，第二个线圈的电感是 0.2 H，它们之间的耦合系数是 0.5，求当它们顺串和反串时的等效电感。

（3）两个线圈顺串时等效电感为 0.75 H，而反串时等效电感为 0.25H，又已知第二个线圈的电感为 0.25 H，求第一个线圈的电感和它们之间的耦合系数。

（4）图 6.1.12 中，判别三个互感线圈的同名端。

（5）图 6.1.13 中，S 打开瞬间，电压表指针反偏，说明两互感线圈的同名端。

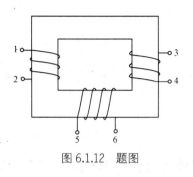

图 6.1.12 题图

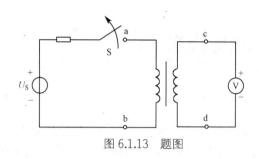

图 6.1.13 题图

第 2 步 变压器测试与分析

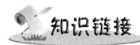

1. 单相变压器的结构和工作原理

变压器是一种静止的电气设备,它利用互感原理,把输入的交流电压升高或降低为同频率的交流输出电压,以满足高压输电、低压配电及其他用途的需要。变压器在电路中的符号如图 6.1.14 所示,电路中常采用文字符号 T 表示。

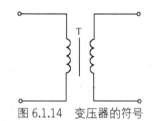

图 6.1.14 变压器的符号

变压器既可变压,将交流电压升高或降低,又可变流,将交流电流变大或变小,还可以用来改变阻抗、相位等,用途十分广泛。变压器被广泛用于输配电系统、电子线路和电工测量中。

2. 变压器的基本结构

1) 变压器的分类

变压器的种类很多,根据用途可分为:

(1) 电力变压器。主要用于输配电系统,又可分为升压变压器和降压变压器。

(2) 整流变压器。主要供整流设备使用,整流变压器的输出电压经整流器变成直流。

(3) 调压变压器。主要用于实验室等场所。简称调压器,用来改变输出的交流电压。一般调压器电压的变化范围很大,可从零值到额定值。

(4) 仪用变压器。用于配合仪器仪表,进行电气测量,如电压互感器、电流互感器等。

(5) 输入、输出变压器。主要用于电子线路中,用来改变阻抗、相位等。

按变压器的相数分类,还可分为单相变压器、三相变压器、多相变压器等。

2) 变压器的基本结构

变压器的种类虽然繁多,但其结构都基本相似,就工作原理来看,主要由铁芯和绕组(线圈)两部分组成,并由它们组成变压器的器身。

铁芯构成了变压器的磁路通道,同时又是它的机械骨架。为了提高导磁性能,减少涡流损耗和磁滞损耗,铁芯一般都采用 0.35 mm 厚度相互绝缘的硅钢片叠装而成,片间彼此绝缘。通信用的变压器铁芯常用铁氧体铝合金等磁性材料制成。

按照铁芯构造形式，可分为芯式和壳式两种。图 6.1.15 是两种变压器的常见结构，图 6.1.15（a）是绕组包着铁芯，叫芯式结构，这种结构比较简单，有较多的空间装设绝缘，装配也比较容易，适用于容量大、电压高的变压器。图 6.1.15（b）是铁芯包着绕组，叫壳式结构。这种结构的机械强度较好，铁芯散热容易，但外层绕组的用铜量较多，制造较为复杂。

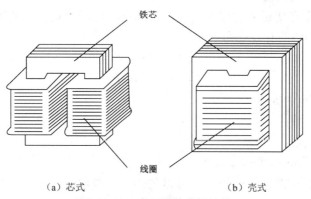

图 6.1.15 变压器的常见结构

绕组也叫线圈，是变压器的电路部分。变压器的绕组是用具有良好绝缘的铜质漆包线、纸包线或丝包线绕成一定形状、一定匝数的线圈组成的。在工作时，与电源相连的绕组，即接受外加交流电能的线圈称为一次绕组，也称原边绕组或初级绕组。而与负载相连的绕组，是向外输出电能的线圈，称为次级绕组，也称副边绕组或二次绕组。在制造电力变压器时，通常将电压较低的绕组安装在靠近铁芯的内层，电压较高的绕组装在外层，这使得高、低压绕组和铁芯之间的绝缘可靠性得到增加。变压器的高压和低压绕组之间、低压绕组与铁芯之间必须绝缘良好，为获得良好的绝缘性能，除选用规定的绝缘材料外，还利用了浸漆、烘干、密封等生产工艺。

3．变压器的工作原理

变压器是按电磁感应原理工作的。如果把变压器的原线圈接在交流电源上，在原线圈中就产生一个交流电流，这个电流在铁芯中产生交变磁通，在铁芯中构成磁路，同时穿过变压器的原、副绕组，从而在原、副线圈产生感应电动势，其中在原线圈中产生自感电动势，在副线圈产生互感电动势。此时，如果在副线圈上接上负载，那么在感应电动势的作用下，变压器就要向负载输出功率。

图 6.1.16 是变压器工作原理示意图，原绕组的匝数为 N_1，副绕组的匝数为 N_2，输入电压、电流为 u_1 和 i_1，输出电压、电流为 u_2 和 i_2，负载为 Z_L。

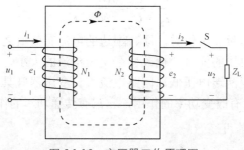

图 6.1.16 变压器工作原理图

1）变压器的空载运行和变比

在图 6.1.16 中，如果在原绕组两端加有交流电压 u_1，并断开负载 Z_L，则副绕组所流过的电流 $i_2=0$，这时原绕组有电流 i_0，这种状态称为变压器的空载运行状态，该电流叫激磁电流，激磁电流在铁芯中产生交变磁通。由于 u_1 和 i_0 是按正弦规律交变的，所以在铁芯中产生的磁通 Φ 也是正弦交变的。在交变磁通的作用下，原、副绕组将产生正弦交变感应电动势。可以计算出原、副绕组感应电动势的有效值为

$$E_1 = 4.44 f N_1 \Phi_m$$
$$E_2 = 4.44 f N_2 \Phi_m$$

式中，f——交流电的频率；

N_1——原绕组的匝数；

N_2——副绕组的匝数；

Φ_m——铁芯中产生的磁通 Φ 的最大值。

由于用铁磁材料做磁路，漏磁很小，可以忽略。空载电流很小，原绕组上的电压降也可以忽略，这样，原副绕组两边的电压近似等于原副绕组的电动势，即

$$U_1 \approx E_1$$
$$U_2 \approx E_2$$
$$\frac{U_1}{U_2} \approx \frac{E_1}{E_2} = \frac{4.44 f N_1 \Phi_m}{4.44 f N_2 \Phi_m} = \frac{N_1}{N_2} = K$$

式中，K 称为变压器的变比。

上式说明，在空载时，变压器的原、副绕组的端电压之比等于原、副绕组的匝数之比，匝数多的绕组两端电压高，匝数少的绕组两端电压低，因此通过改变原、副绕组的匝数，就可以达到升高或降低电压的目的。

当 $K>1$ 时，$U_1>U_2$，$N_1>N_2$，变压器为降压变压器；反之，$K<1$ 时，$U_1<U_2$，$N_1<N_2$，变压器为升压变压器。

2）变压器负载运行时的变比

当变压器接上负载 Z_L 后，副绕组中的电流为 i_2，原绕组上的电流将变为 i_1，原、副绕组的电阻、铁芯的磁滞损耗、涡流损耗都有会损耗一定的能量，但该能量通常都远小于负载消耗的电能，在分析计算时，可把这些损耗忽略。由能量守恒定律而知，变压器输入功率必定等于负载消耗的功率，即：

$$U_1 I_1 = U_2 I_2$$

由上式可得

$$\frac{I_1}{I_2} = \frac{U_2}{U_1} = \frac{N_2}{N_1} = \frac{1}{K}$$

由上式可知，变压器带负载工作时，原、副边的电流有效值之比与它们的电压或匝数成反比。变压器在改变了交流电压的同时，也改变了交流电流的大小，匝数多的绕组两端电压高，回路电流小；匝数少的绕组两端电压低，回路电流大。变压器既具有改变电压的作用，又具有改变电流的作用，然而却没有改变功率的作用，它只有传递功率的作用。

3）变压器的阻抗变换作用

根据欧姆定律

$$U_1 = I_1 Z_1, \quad U_2 = I_2 Z_2$$

代入

$$U_1 I_1 = U_2 I_2$$

可得

$$\frac{|Z_1|}{|Z_2|} = \frac{I_2^2}{I_1^2} = \frac{N_1^2}{N_2^2} = K^2$$

即

$$|Z_1| = K^2 |Z_2|$$

上式表示的是副边阻抗等效到原边时的等量关系,只要改变 K,就可以得到不同的等效阻抗。

对于电子线路,如收音机电路,可以把它看成一个信号源加一个负载。要使负载获得最大功率,其条件是负载的电阻等于信号源的内阻,此时,称为阻抗匹配,但实际电路中,负载电阻并不等于信号源内阻,这时就需要用变压器来进行阻抗变换。

例 2:电源变压器的输入电压为 220 V,输出电压为 5 V,求该变压器的变比,若变压器的负载 $R_2 = 2.5\ \Omega$,求原、副绕组中的电流 I_1、I_2 及等效到原边的阻抗 Z_1。

解:首先求出次级电流:

$$I_2 = \frac{U_2}{R_2} = \frac{5}{2.5} \text{A} = 2 \text{ A}$$

然后根据变比求出初级电流:

$$K = \frac{N_1}{N_2} = \frac{U_1}{U_2} = \frac{220}{5} = 44$$

$$I_1 = \frac{1}{K} I_2 = \frac{1}{44} \times 2 \text{A} = 0.045 \text{ A}$$

所以,变压器等效到原边的阻抗为:

$$|Z_1| = \frac{U_1}{I_1} = \frac{220}{0.045} \Omega = 4888.89\ \Omega$$

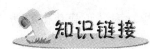

变压器的运行特性与简单分析

要正确、合理地使用变压器,必须了解变压器在运行时的主要性能指标及特性。

1. 变压器的额定值

变压器的运行情况分空载(无负载)运行和有负载运行,制造工厂所拟定的满负荷运行情况称为额定运行,额定运行的条件称为变压器的额定值。

(1)额定容量 S_N:即二次回路的最大视在功率,其单位是伏安(V·A)或千伏安(kV·A)。

(2)额定一、二次电压 U_{1N} 和 U_{2N}:额定一次电压 U_{1N} 是指变压器正常运行时,原绕组上所施加的电压的规定值;额定二次电压 U_{2N} 是指变压器空载时,一次侧加上额定电压 U_{1N} 后,二次侧两端的电压值。

(3)额定电流 I_{1N}、I_{2N}:变压器长期正常工作时容许通过的电流,即规定的满载电流。

变压器的额定值取决于变压器的构造和所用材料。使用变压器时除了不能超过其额定值外，还要注意变压器的工作温度。

2. 变压器的电压调整率ΔU%及外特性

由于变压器绕组存在有电阻和漏抗，当电流流过变压器时会产生漏阻抗压降。因此，当变压器一次侧电源电压不变时，其二次侧端电压将随着负载电流变化而改变。变压器空载与负载时，其二次侧端电压变化的相对值称为电压调整率，通常以百分值来表示。

$$\Delta U\% = \frac{U_{2N} - U_2}{U_{2N}} \times 100\%$$

式中，U_{2N}、U_2——分别为变压器二次侧空载时额定电压和二次侧负载时电压，单位为V。

$\Delta U\%$——以百分值表示的电压调整率。

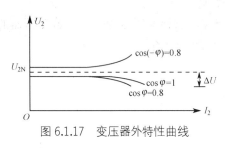

图6.1.17 变压器外特性曲线

电压调整率的大小反映了对用户供电质量的好坏，它不但与负载的大小有关，也和负载性质有关，一般用外特性来表明。所谓变压器外特性就是当变压器的初级电压 U_1 和负载的功率因数都一定时，次级电压 U_2 随次级电流 I_2 变化的关系，即 $U_2 = f(I_2)$。如图6.1.17为负载功率因数 $\cos\varphi_2 = 1$、$\cos\varphi_2 = 0.8$、$\cos(-\varphi_2) = 0.8$ 三种情况下的外特性曲线。

由变压器外特性曲线图可见：

（1）$I_2 = 0$ 时，$U_2 = U_{2N}$。

（2）当负载为电阻性和电感性时，随着 I_2 的增大，U_2 逐渐下降。在相同的负载电流情况下，U_2 的下降程度与功率因数 $\cos\varphi$ 有关。

（3）当负载为电容性负载时，随着功率因数 $\cos\varphi$ 的降低，曲线上升。所以，在供电系统中，常常在电感性负载两端并联一定容量的电容器，以提高负载的功率因数 $\cos\varphi$。

3. 变压器的效率

当变压器带上负载后，原边输入功率为 $P_1 = U_1 I_1 \cos\varphi_1$，副边的输出功率（负载获得的功率）为 $P_2 = U_2 I_2 \cos\varphi_2$。其中 φ_1、φ_2 分别为原、副两绕组电压与电流的相位差。

变压器在实际使用时，由于电流的热效应，绕组上有铜损，铁芯中有铁损，即磁滞损耗与涡流损耗。由于有了铜损与铁损，变压器的输入与输出功率不再相等，把输出功率与输入功率比值的百分比数称为变压器的效率，用 η 表示：

$$\eta = \frac{P_2}{P_1} \times 100\%$$

变压器的效率很高，通常大容量变压器在满载时，效率可达 98%～99%，小容量变压器的效率一般在 80%～95%之间。

例3：有一变压器初级电压为 220 V，次级电压为 110 V，在接纯电阻性负载时，测得次级电流为2 A，变压器的效率为90%。试求它的损耗功率、初级功率和初级电流。

解：次级负载功率

$$P_2 = U_2 I_2 \cos\varphi_2 = 110 \times 2 \times 1 \text{W} = 220 \text{ W}$$

初级功率

$$P_1 = \frac{P_2}{\eta} = \frac{220}{0.9} \text{W} \approx 244.4 \text{ W}$$

损耗功率
$$P_L = P_1 - P_2 = 244.4 - 220 \text{ W} = 24.4 \text{ W}$$

初级电流
$$I_1 = \frac{P_1}{U_1} = \frac{244.4}{220} \text{A} \approx 1.11 \text{ A}$$

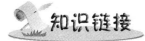

几种常见的变压器

1. 自耦变压器

上面所述单相变压器有两个绕组，即原边绕组与副边绕组。它们之间只依靠磁路将原边的电能传递给副边，没有电的直接联系。而自耦变压器的特点是它的铁芯上只有一个绕组，即将原、副边绕组合二为一，使副边绕组成为原边绕组的一部分，如图6.1.18所示。

自耦变压器一、二次绕组之间除了有磁的耦合外，还有电的关系，但一、二次绕组的电压和电流与绕组匝数之间的关系仍为：

$$\frac{U_1}{U_2} = \frac{N_1}{N_2} = K, \quad \frac{I_1}{I_2} = \frac{N_2}{N_1} = \frac{1}{K}$$

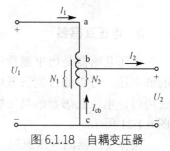

图6.1.18 自耦变压器

自耦变压器的变比不能选得太大，这是因为原、副绕组有电的直接联系，如果K选得太大，万一公共部分断线，高压将直接加在低压边，很不安全。

若将自耦变压器的副绕组的分接头b做成能沿绕组表面自由滑动的活动触点，那么移动触头，就可以改变副绕组的匝数，也就能够平滑地调节输出电压，这种变压器叫做调压器，其外形图及电路如图6.1.19所示。

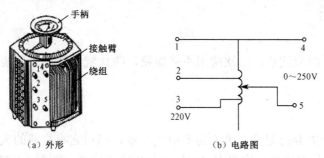

图6.1.19 调压器的外形及电路图

调压器在使用时，原、副绕组的电压不能接错，且外壳必须接地。在使用前，输出电压要调至零，接通电源后，慢慢转动手柄调节出所需的电压。

2. 小型电源变压器

小型电源变压器广泛地应用于工业生产中，如在机床电路中输入 220 V 的交流电，通过电源变压器可以得到 36 V 的安全电压，12 V 或 6 V 的指示灯电压。图 6.1.20 是小型变压器的原理图，它在副绕组上制作了多个引出端，可以输出 3 V、6 V、12 V、24 V、36 V 等不同电压。

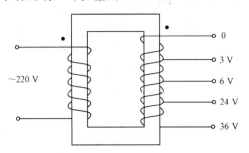

图 6.1.20　小型多路输出变压器原理图

3. 电压互感器

电压互感器是用来测量电网高压的一种专用变压器。利用它将线路的高电压变为一定数值的低电压。可以通过测量低电压，将低电压乘以互感器的变比，即可间接地测得高电压数值。使用时，电压互感器的高压绕组跨接在需要测量的供电线路上，低压绕组则与电压表相连，如图 6.1.21 所示。

根据变压器的变压原理，被测电压 U_1 与电压表电压 U_2 之间存在 $U_1 = KU_2$ 的关系，这样一方面实现低量程的电压表来测量高电压，另一方面使仪表和所接设备与高电压隔离，从而保障了操作人员的安全。通常电压互感器副绕组的额定电压为 100 V，如互感器标有 10000 V/100 V，电压表读数为 78 V，则：

$$U_1 = KU_2 = 100 \times 78 \text{ V} = 7800 \text{ V}$$

使用电压互感器时应注意：二次绕组不能短路，防止烧毁线圈；副绕组的一端和铁壳应可靠接地，以确保安全。

4. 电流互感器

电流互感器是用来专门测量大电流的专用变压器。利用它将线路的大电流变为一定数值的小电流。使用时将原绕组串接在电路中，副绕组与电流表串联，如图 6.1.22 所示。

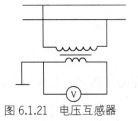

图 6.1.21　电压互感器

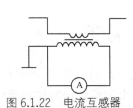

图 6.1.22　电流互感器

电流互感器的原绕组匝数很少，甚至只有一匝，线径较粗；副绕组匝数很多，线径较细，相当于一台小型升压变压器。它的工作原理也满足双绕组的电流变换关系，即：

$$I_1 = \frac{I_2}{K}$$

通常电流互感器副绕组的额定电流为 5 A。如果电流互感器标有 100/5 A，电流表的读数为 4 A，则：

$$I_1 = \frac{I_2}{K} = \frac{100 \times 4}{5} \text{A} = 80 \text{A}$$

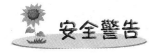

使用电流互感器时应注意：二次绕组绝对不允许开路，且铁芯和二次绕组必须可靠接地。

钳形电流表就是电流互感器与电流表合成的测量仪表，如图 6.1.23 所示。测量时张开铁芯，将被测导线套进铁芯内，该导线就是电流互感器的一次绕组，二次绕组绕在铁芯上并与电流表相接。由电流表的指针偏转位置可直接读出被测电流的数值。钳形电流表的优点是使用时不必断开被测电路，所以用它来测量或检查电气设备的运行十分方便，其缺点是测量误差较大。

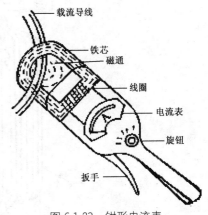

图 6.1.23 钳形电流表

5. 三相变压器

交流电能的生产、输送和分配，几乎都采用三相制。在电力传输过程中，为了减少电能的传输损耗，要把生产出来的电能用三相变压器升压后再输送出去，到了用户后，再用三相变压器降压后供用户使用。因此，需要使用三相变压器进行三相电压的交换。

三相变压器可以是由三个单相变压器构成，这时三台单相变压器便组成所谓的三相变压器组，如图 6.1.24（a）所示。为了使结构上更加紧凑，制造时将其合成一台三相变压器。三相变压器的每个铁芯柱上都套装着同一相的原、副绕组，如图 6.1.24（b）所示。

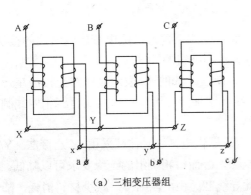

（a）三相变压器组

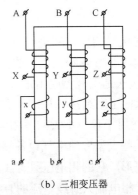

（b）三相变压器

图 6.1.24 三相变压器组和三相变压器的构成

三相变压器多用于电力系统，容量比较大，一般采用油浸自冷式。图 6.1.25 所示为三相油浸式电力变压器。变压器外壳是一个油箱，内部装满变压器油。套装在铁芯上的原、副绕组都要浸没在变压器中。变压器工作时产生的热量便通过变压器油传递到散热油管，然后再散到空气中去。为防止变压器油受热膨胀而外溢，在油箱的上部装有一个油枕（储油柜），油枕用管子与油箱相通，油枕内的油可以调节变压器油因温度变化而产生体积变化。变压器顶部有三个高压接线端柱和三个低压接线端柱，分别接高压电源及低压配电线路。

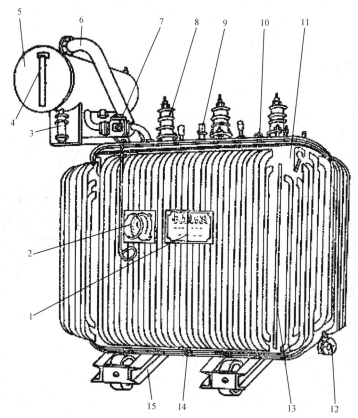

1—铭牌；2—讯号式温度计；3—吸湿器；4—油表；5—储油柜；6—安全气道；7—气体继电器；8—高压套管；
9—低压套管；10—分接开关；11—油箱；12—放油阀门；13—器身；14—接地板；15—小车

图 6.1.25 三相油浸式电力变压器

三相变压器的原、副绕组可根据需要接成星形或三角形。配电变压器常用的接法是 Y/Y_0、$Y/\triangle$ 等。斜线左方表示原绕组的接法，右方表示副绕组的接法。

Y/Y_0 接法是工程上应用最多的一种接法，斜线左部的 Y 表示高压绕组接成星形，斜线右部的 Y_0 表示低压绕组接成星形并有中点引出线。这种接法可以对用户实行三相四线制供电。因此 Y/Y_0 接法适用于容量不大的三相配电变压器。

对于某些大型专用电气设备需用专门的变压器供电，这时往往采用 $Y/\triangle$ 接法。$Y/\triangle$ 接法高压绕组接成星形，它的相电压只有线电压的 $1/\sqrt{3}$，因而每相绕组的绝缘要求可以降低。低压绕组接成三角形，相电流只有线电流的 $1/\sqrt{3}$，因此导线截面积可以缩小，减少材料消耗，降低成本。

每一台变压器的外壳上都附有一块铝牌，叫做变压器的铭牌，上面标注着这台变压器的型号及额定值，如图 6.1.26 所示。变压器铭牌上数据是正确使用变压器的依据。

图 6.1.26 三相变压器的铭牌

铭牌上的主要内容如下。

1) 型号

根据国家规定,型号用来表示变压器的特征及性能。上例铭牌中:

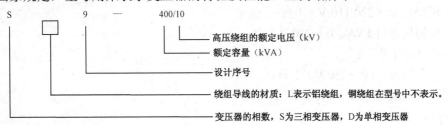

如果线圈外绝缘介质是空气,型号中用 G 表示,油浸式不表示。冷却方式若用风冷用 F 表示,自然冷却不表示。

2) 额定电压 U_{1N}、U_{2N}

原绕组的额定电压是指变压器正常运行时,原绕组上所加的电压 U_{1N}。它是根据变压器的绝缘强度和冷却条件而规定的。副边绕组的额定电压 U_{2N} 是指变压器空载运行、原绕组加额定电压时副绕组两端的电压值。三相变压器的额定电压均指线电压。

3) 额定电流 I_{1N}、I_{2N}

原、副绕组的额定电压 I_{1N}、I_{2N} 是指变压器长期正常工作时容许通过的电流。三相变压器中的额定电流均指线电流。

4）额定容量 S_N

额定容量 S_N 表示变压器在额定工作状态下的输出能力或带负载的能力，其大小由变压器输出额定电压 U_{2N} 与输出额定电流 I_{2N} 所决定。

单相变压器：
$$S_N = U_{2N} \cdot I_{2N}$$

三相变压器：
$$S_N = \sqrt{3} U_{2N} \cdot I_{2N}$$

5）额定频率 f_N

额定频率指变压器原绕组所加电压的额定频率，额定频率不同的变压器是不能换用的。国产电力变压器的额定频率均为 50 Hz。

6）连接组别

它表示变压器高、低压绕组的连接方式及相位关系。例如 Y/△$_{-11}$ 表示变压器高压绕组接成星形，低压绕组接成三角形。右下角 11 称为连接组别的标号，是反应高、低压绕组线电压的相位关系的。标号为 11 表示高低压边线电压相位差为 30°，且低压边线电压超前于高压边线电压。

手脑并用

小型变压器的测试

1．器材准备

（1）交流电源 220 V；
（2）单相变压器（220/110 V）1 台；
（3）单相调压器 1 kVA、0～250 V 1 台；
（4）负载灯箱 1 组；
（5）交流电压表 （0～250 V）1 只；
（6）交流副绕组电流表（0～5 A）2 只；
（7）兆欧表 1 只；
（8）单极刀开关 5 只。

2．实验步骤

（1）认识变压器的构造和铭牌，识别原副绕组接线端子。根据变压器铭牌写出该变压器的型号、容量、原副线圈的额定电压、电流。

（2）用兆欧表测量变压器的绝缘电阻。

将兆欧表端钮 E 和 L 之间开路，摇动手柄，观察兆欧表指针是否指向"∞"；再将兆欧表端钮 E 和 L 之间短路，摇动手柄，观察兆欧表指针是否指向"0"。

测量变压器原绕组对副绕组的绝缘电阻及原、副绕组分别对铁芯的绝缘电阻值，将结果记入表 6.1.2，并与国家规定的标准值相比较，看是否符合要求。国家标准规定，额定电压在 500 V 以下时，绝缘电阻不小于 90 MΩ。

表 6.1.2 变压器绝缘电阻值

被测绝缘电阻	原绕组对副绕组	原绕组对铁芯	副绕组对铁芯
结果（MΩ）			

（3）熟悉图 6.1.27。按图接好线，将调压器调至零位。

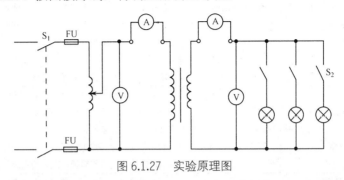

图 6.1.27 实验原理图

（4）经检查后，合上电源开关 S_1，接通电源，调节调压器使原边绕组电压达到额定值，测量原、副边电压 U_1、U_2 和空载电流 I_0，将结果记入表 6.1.3。

（5）进行负载实验。保持原边电压为额定值，利用开关 S_2 调节负载大小（分 3 次合上 S_2），测出每次负载增加后的原、副边电流 I_1、I_2，将结果记入表 6.1.3。

（6）按表 6.1.3 要求计算相关数据，并将结果与铭牌参数相比较。

表 6.1.3 记录表

序号	负载情况	测量数据				计算结果	
		U_1	U_2	I_1 (I_0)	I_2	$K=\dfrac{U_1}{U_2}$	$\dfrac{I_1}{I_2}$
1	空载				—		—
2	负载						—
3	负载						—
4	负载						—

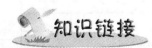

小型变压器的故障检修（表6.1.4）

表 6.1.4 小型变压器常见的故障检查及消除方法

故障现象	造成故障的可能原因	检查及消除方法
接通电源副边无电压输出	（1）电源插头或馈线开路	插上电源，用万用表交流挡测原边绕组两引出线端之间的电压，若电压正常说明插头与馈线均无开路故障。否则用万用表电阻挡检查电源插头，看是否有脱焊或某一股电源线断开的现象

续表

故障现象	造成故障的可能原因	检查及消除方法
接通电源副边无电压输出	（2）原、副边绕组开路或引线脱焊	用万用表或电桥相应的电阻挡测原、副绕组直流电阻，如果测得的直流电阻值与原、副边绕组的直流电阻值相等或相近，说明原、副边绕组完好，若电阻为无穷大，则系原、副边绕组开路，必须将变压器拆开修理 若开路点发生在引出线的根部，有时可以不用拆开铁芯和线包，先把变压器烤热，使绝缘漆软化，用小针在断线处挑出线头，用多股绝缘软导线在断裂处焊好，再把多股软线焊在焊片上，并注意处理好焊点处的绝缘 如果开路点在线包最里层，必须拆除铁芯，小心撬开靠近引线一面的骨架挡板，用针挑出线头，焊好引出线，用万用表检测无误后处理好绝缘，修补好骨架，再插入铁芯
温升过高甚至冒烟	（1）层间、匝间绝缘老化或匝间短路，或原、副边短路	用兆欧表检测，若绝缘电阻远低于正常值甚至趋近于 0，说明原、副间短路 原边接电源，用万用表测副边空载电压，若副边绕组输出电压明显降低，说明该绕组短路。若变压器发热但各绕组输出电压基本正常，可能静电屏蔽层自身短路 卸下铁芯，拆开线包修理。如果短路不严重，可以局部处理好短路部位的绝缘，再将线包与铁芯还原；若短路较严重，漆包线绝缘损伤太大，则应重换绕组
	（2）硅钢片间绝缘太差，使涡流增大	拆下铁芯，检查硅钢片表面绝缘漆是否剥落，若剥落严重甚至有锈迹，将硅钢片浸泡于汽油中，除去锈斑和陈旧的绝缘漆膜，重刷绝缘漆
	（3）铁芯叠厚不足或绕组匝数偏少	如果骨架空腔有空余位置，可适当增加硅钢片数量；如无法增加，只要铁芯窗口还有空余位置，可通过计算，适当增加原、副边绕组匝数；如果都不行，只有增加铁芯叠片数量，并重新制作尺寸较大的骨架，再绕新线包
	（4）负载过重或输出电路局部短路	减轻负载或排除输出电路上的短路故障
空载电流偏大	（1）原边绕组匝数不足	
	（2）铁芯叠厚不足	参照前一项中的检修方法处理
	（3）原、副边绕组局部短路	
	（4）铁芯质量太差	更换铁芯或将铁芯加厚来消除故障 加厚方法是拆去铁芯和线包，按加厚的尺寸重做骨架，重绕线包，最后插上铁芯，进行试验。合格后再进行浸漆烘烤，投入使用
运行中有响声	（1）铁芯未插紧	将铁芯轭首夹在台虎钳中，夹紧钳口，直接观察出铁芯的松紧程度。这时用同规格的硅钢片插入，直到完全插紧。重新接在电源中，加上额定负载进行试验，直到完全无响声为止
	（2）电源电压过高	用万用表交流电压挡检测电源电压即可判断
	（3）负载过重或短路	检修外电路
铁芯和底板带电	（1）原边或副边绕组对地短路，或原边、副边绕组与静电屏蔽层间短路 （2）长期使用，绕组（对铁芯）绝缘老化	对此可用兆欧表检查原、副边绕组分别与地（即铁芯或静电屏蔽层）之间的绝缘电阻，若绝缘电阻显著降低，可将变压器进行烘烤。干燥后若绝缘电阻恢复，重新浸漆烘干，即可修复。若干燥后绝缘电阻没有明显提高，说明是原或副边绕组碰触铁芯或静电屏蔽层，这时只有卸下铁芯，拆除线包找出故障点进行修理。若故障点多或导线绝缘老化，只好重换新线包。如果只是层间绝缘老化只要重绕即可，不必换新线
	（3）引出线裸露部分碰触铁芯或底板 （4）线包受潮或环境湿度过大使绕组局部漏电	引线裸露部分碰到铁芯或底板，用肉眼可直接看出。只要在裸露部分包扎好绝缘材料或用套管套上，即可排除故障。若是最里层线圈引出线碰触铁芯，裸露部分不好包扎时，可以在铁芯与引出线间塞入绝缘材料，并用绝缘或绝缘黏合剂粘牢

续表

故障现象	造成故障的可能原因	检查及消除方法
线包击穿打火	高压绕组与低压绕组间绝缘被击穿或同一绕组中电位差相差大的两根导线靠得过近，绝缘被击穿	如线包端头高、低压导线间出现打火，可先将变压器烘烤干燥，在打火处涂上绝缘漆，或塞入绝缘纸再涂绝缘漆，再次烘烤干燥后，故障即可消除
		如果在线包内部出现击穿打火声，仍可将变压器预烘干燥后，重新浸漆干燥，有可能排除故障，如果打火仍有，只好拆开线包修理

巩固提高

1．填空题

（1）变压器可以改变_____、_____和_____。

（2）变压器的基本结构有_____和_____。

（3）铁芯是变压器的_____部分，铁芯多用硅钢片叠成，片间涂有绝缘漆，目的是为了减小_____及_____。

（4）变压器的工作原理实质上是：吸收电源能量，通过_____而输出电能。

（5）变压器外特性是指_____。

（6）变压器的效率就是变压器的_____与_____之比。

2．判断题

（1）在电路中所需的各种直流电压，可以通过变压器变换获得。　　　　　　（　　）

（2）变压器中匝数较多、线径较细的绕组一定是高压绕组。　　　　　　　　（　　）

（3）变压器用于改变阻抗时，变比是原、副边阻抗的平方比。　　　　　　　（　　）

（4）自耦变压器可以跟普通变压器一样，用做安全变压器。　　　　　　　　（　　）

（5）已知变压器副边电压、副边匝数、原边电压、原边匝数，任取两个数据都可以确定变比。　　　　　　　　　　　　　　　　　　　　　　　　　　　　　　　　（　　）

3．问答题

（1）变压器主要由哪些部分构成？它们各起什么作用？

（2）说明变压器的工作原理，在变压器中能量是如何传递的？

（3）为什么变压器只能改变交流电压而不能用来改变直流电压？如果把变压器绕组误接在直流电源上，会出现什么后果？

（4）变压器在负载运行时，其电压变动与哪些因素有关？其效率与哪些因素有关？

（5）电流互感器、电压互感器使用时应注意什么问题？

（6）自耦变压器有什么特点？使用时应注意什么问题？

4．计算题

（1）一台 220/110V 的变压器，能否用来把 380 V 的电压降低至 190 V？为什么？

（2）一台单相变压器的额定容量是 100 VA，原边额定电压为 220 V，副边额定电压为 36 V，试求：

① 变压比。
② 原、副边的额定电流。
③ 如果副绕组接一额定电压为 36 V，额定功率为 40 W 的灯泡，原边的电流又是多少？

（3）已知电流互感器原边绕组的匝数为 4 匝，副边绕组的匝数为 40 匝，若原边电流为 100A，则副边的电流读数是多少？

（4）一电压互感器变比为 10000/100，电压表读数为 82 V，试求被测电路电压。

（5）一电流互感器变比为 100/5，其电流表读数为 4.5 A，试求被测电路电流。

（6）一台三相电力变压器，采用 Y/Y_0 接法，额定容量是 100 kVA，原边额定电压为 10 kV，副边额定电压为 400 V，试求原、副边的额定电流。

项目 2　三相交流电路的连接

学习目标

◇ 了解三相正弦对称电源的概念，理解相序的概念
◇ 了解电源星形连接的特点，能绘制其电压矢量图
◇ 了解我国电力系统的供电制
◇ 了解星形连接方式下三相对称负载线电流、相电流和中性线电流的关系，了解对称负载与不对称负载的概念，以及中性线的作用
◇ 了解对称三相电路功率的概念与计算方法
◇ 三相对称负载星形连接电压、电流的测量实验：观察三相星形负载在有、无中性线时的运行情况，测量相关数据，并进行比较

工作任务

◇ 三相正弦交流电源的连接
◇ 三相负载的星形连接与测试
◇ 三相负载的三角形连接与测试
◇ 三相电路功率的测量

第 1 步　三相正弦交流电源的连接

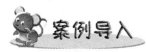
案例导入

电能可以由水能（水力发电）、热能（火力发电）、核能（核能发电）、化学能（电池）、太阳能（太阳能电站）等转换而得。而各种电站、发电厂，其能量的转换则由三相发电机来完成。例如，三峡电站，三相水轮发电机将水能转换为电能；火电站，三相气轮发电机将燃烧煤炭产生的热能转换为电能。三相交流电如何产生？有何特点？

1. 三相交流电路的定义

电能是现代化生产、管理及生活的主要能源，电能的生产、传输、分配和使用等许多环节构成了一个完整的系统，这个系统叫做电力系统。电力系统目前普遍采用三相交流电源供电，由三相交流电源供电的电路称为三相交流电路。所谓三相交流电路是指由三个频率相同、最大值（或有效值）相等、在相位上互差120°的单相交流电动势组成的电路，这三个电动势称为三相对称电动势。

2. 三相交流电的特点

三相交流电与单相交流电相比具有如下优点：

（1）三相交流发电机比功率相同的单相交流发电机体积小、重量轻、成本低；

（2）电能输送，当输送功率相等、电压相同、输电距离相同，线路损耗也相同时，用三相制输电比单相制输电可大大节省输电线有色金属的消耗量，即输电成本较低，三相输电的用铜量仅为单相输电用铜量的75%；

（3）目前获得广泛应用的三相异步电动机，以三相交流电作为电源，它与单相电动机或其他电动机相比，具有结构简单、价格低廉、性能良好和使用维护方便等优点。

因此，在现代电力系统中，三相交流电路获得了广泛应用。

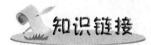

三相正弦交流电源的产生

1. 三相交流电源的产生

三相交流电源的产生就是指三相交流电动势的产生。三相交流电动势由三相交流发电机产生，它是在单相交流发电机的基础上发展而来的，如图 6.2.1（a）所示，在发电机定子（固定不动的部分）上嵌放了三相结构完全相同的线圈 U_1U_2、V_1V_2、W_1W_2（通称绕组），这三相绕组在空间位置上各相差 120°，分别称为 U 相、V 相和 W 相。U_1、V_1、W_1 三端称为首端，U_2、V_2、W_2 则称为末端。工厂或企业配电站或厂房内的三相电源线（用裸铜排时）一般用黄、绿、红分别代表 U、V、W 三相。

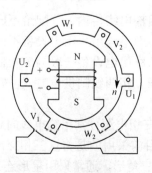
（a）原理示意图

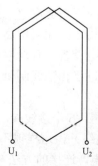
（b）一相绕组

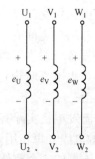
（c）三相绕组

图 6.2.1 三相交流发电机

磁极放在转子上，一般均由直流电通过励磁绕组产生一个很强的恒定磁场。当转子由原动机拖动作匀速转动时，三相定子绕组即切割转子磁场而感应出三相交流电动势。由于三相绕组在空间各相差 120°，因此三相绕组中感应出的三个交流电动势在时间上也相差三分之一周期（也就是 120°）。这三个电动势的三角函数表达式为：

$$\begin{cases} e_U = E_m \sin \omega t \\ e_V = E_m \sin(\omega t - 120°) \\ e_W = E_m \sin(\omega t - 240°) \end{cases}$$

这样大小相等、频率相同、相位互差 120°的三相交流电源称为三相对称交流电源。它们的波形图和相量图如图 6.2.2 所示。

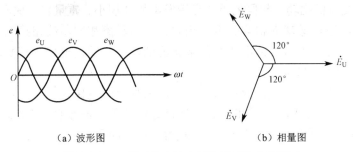

（a）波形图　　　　　　　　　　（b）相量图

图 6.2.2　三相对称交流电源的波形和相量图

三相对称电动势的参考方向规定为绕组的末端指向首端，电源电压则为首端指向末端，两者在数值上是相等的。

由相量图可知，三相对称交流电动势在任何瞬间的代数和为零，即

$$e_U + e_V + e_W = 0$$

2．相序

三相交流电源到达最大值的先后顺序叫做相序。若三相交流电源到达最大值的顺序为 U→V→W→U，这样的相序称为正相序。任意改变其中两相的位置，则构成反相序，如 U→W→V→U。

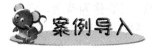

发电站由三相交流发电机发出的三相交流电，通过三相输电线传输、分配给不同的用户。一般发电站与用户之间有一定的距离，因此采用高压传输，而不同用户用电设备不同。例如，工厂的用电设备一般为三相低压用电设备，且功率较大；家庭用电设备一般为单相低压用电设备，功率小。大家都听说过或看到过三相三线制供电方式和三相四线制供电方式。它们有何不同？如何连接？

三相交流发电机实际有 3 个绕组，6 个接线端，如果这三相电源分别用输电线向负载供电，则需 6 根输电线（每相用两根输电线），这样很不经济，目前采用的是将这三相交流电按照一定的方式，连接成一个整体向外送电。连接的方法有星形和三角形，通常采用星形连接方式。

三相电源的星形连接（Y 形连接）

1．基本概念

（1）星形连接：将电源的三相绕组末端 U_2、V_2、W_2 连在一起，首端 U_1、V_1、W_1 分别与负载相连，这种方式就叫做星形连接，如图 6.2.3 所示。

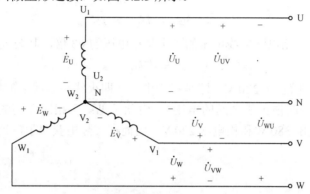

图 6.2.3　三相电源的星形连接（有中性线）

（2）中点、中性线、相线：三相绕组末端相连的一点称中点或零点，一般用"N"表示。从中点引出的线叫中性线（简称中线），由于中线一般与大地相连，通常又称为地线（或零线）。从首端 U_1、V_1、W_1 引出的三根导线称相线（或端线）。由于它与大地之间有一定的电位差，一般通称火线。

（3）输电方式：由三根火线和一根地线所组成的输电方式称三相四线制（通常在低压配电系统中采用）。只由三根火线所组成的输电方式称三相三线制（在高压输电时采用较多）。

2．三相电源星形连接时的电压关系

三相绕组连接成星形时，可以得到以下两种电压。

（1）相电压 U_P：即每个绕组的首端与末端之间的电压。相电压的有效值用 U_U、U_V、U_W 表示。

（2）线电压 U_L：即各绕组首端与首端之间的电压，即任意两根相线之间的电压叫做线电压，其有效值分别用 U_{UV}、U_{VW}、U_{WU} 表示。

相电压与线电压的参考方向是这样规定的：相电压的正方向是由首端指向中点 N，如电压 U_U 由首端 U_1 指向中点 N；线电压的方向，如电压 U_{UV} 由首端 U_1 指向首端 V_1，如图 6.2.3 所示。

（3）线电压 U_L 与相电压 U_P 的关系。根据以上定义，可以画出三相电源 Y 形连接时的电压相量图，如图 6.2.4 所示。三个相电压大小相等，各相差 120°。由于 U 相绕组的末端 U_2 并不是和 V 相绕组的首端 V_1

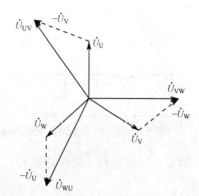

图 6.2.4　电源星形连接时的电压相量图

相连，而是和 V 相绕组的末端 V_2 相连，故两端线 U 和 V 之间的线电压应该是两个相应的相电压之差，即

$$\begin{cases} \dot{U}_{UV} = \dot{U}_U - \dot{U}_V \\ \dot{U}_{VW} = \dot{U}_V - \dot{U}_W \\ \dot{U}_{WU} = \dot{U}_W - \dot{U}_U \end{cases}$$

线电压大小利用几何关系可求得为：

$$U_{UV} = 2U_U \cos 30° = \sqrt{3} U_U$$

同理可得：

$$U_{VW} = \sqrt{3} U_V, \quad U_{WU} = \sqrt{3} U_W$$

所以可得出结论：三相电路中线电压的大小是相电压的 $\sqrt{3}$ 倍，其公式为

$$U_L = \sqrt{3} U_P$$

因此平常讲的电源电压为 220 V，即是指相电压（即火线与地线之间的电压）；电源电压为 380 V，即是指线电压（两根火线之间的电压）。由此可见：三相四线制的供电方式可以给负载提供两种电压，即线电压 380 V 和相电压 220 V，因而在实际中获得了广泛的应用。

知识拓展

三相电源的三角形连接（△形连接）

（1）三角形连接：如图 6.2.5 所示，将电源一相绕组的末端与另一相绕组的首端依次相连（接成一个三角形），再从首端 U_1、V_1、W_1 分别引出端线，这种连接方式就叫三角形连接。

（2）三相电源三角形连接时的电压关系。

由图 6.2.6 可见

$$\begin{cases} \dot{U}_U = \dot{U}_{UV} \\ \dot{U}_V = \dot{U}_{VW} \\ \dot{U}_W = \dot{U}_{WU} \end{cases}$$

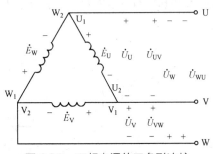

图 6.2.5 三相电源的三角形连接

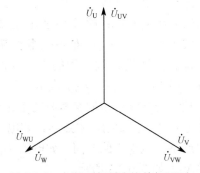

图 6.2.6 电源三角形连接的相量图

所以，三相电源三角形连接时，电路中线电压的大小与相电压的大小相等，即

$$U_L = U_P$$

相量图如图 6.2.6 所示，由相量图可看出，三个线电压之和为零，即

$$\dot{U}_{UV} + \dot{U}_{VW} + \dot{U}_{WU} = 0$$

同理可得，在电源的三相绕组内部三个电动势的相量和也为零，即

$$\dot{E}_{UV} + \dot{E}_{VW} + \dot{E}_{WU} = 0$$

因此当电源的三相绕组采用三角形连接时在绕组内部是不会产生环路电流（环流）的。

当电源的三相绕组采用三角形连接时，如果不慎将某一相绕组接反（如图 6.2.5 中的 W 相接反）则三个电动势之和为 $\dot{E}_{U} + \dot{E}_{V} + (-\dot{E}_{W}) = -2\dot{E}_{W}$

由于电源内阻很小，因此在电源内部会产生很大的环流，导致电源的绕组烧毁。所以在采用三角形连接时，必须首先判断出每相绕组的首末端，再按正确的方法接线，绝对不允许接反。

巩固提高

1. 填空题

（1）三相对称交流电源是指三个_____、_____，而_____的单相交流电源按照一定的方式的组合。

（2）三相四线制供电是指由_____和_____所组成的供电系统，其中相电压是指_____之间的电压，线电压是指_____间的电压，且 $U_L=$_____U_P。

（3）三相发动机的相电压为 $u_U = 220\sqrt{2}\sin(314t + 30°)$ V，则当绕组作 Y 连接时，三个线电压分别为：$u_{UV}=$_____，$u_{VW}=$_____，$u_{WU}=$_____。

2. 判断题

（1）三相对称电动势任一瞬间的代数和为零。　　　　　　　　　　　　　　（　　）
（2）任意两根相线间的电压称为相电压。　　　　　　　　　　　　　　　　（　　）

3. 简答题

（1）在三相四线制供电系统中，中线有什么作用？为什么中线上不能安装熔断器或开关？
（2）用一个量程为 400 V 的交流电压表和一只试电笔，如何确定三相四线制供电系统中的三根相线和中线？

第 2 步 三相负载的连接

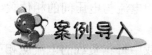

电力系统的负载，从它们的使用方法来看，可以分成两类。一类是像电灯这样有两根出线的，叫做单相负载，电风扇、收音机、电烙铁、单相电动机等都是单相负载。另一类是像三相电动机这样的有三个接线端的负载，叫做三相负载。

在三相负载中，如每相负载的电阻均相等，电抗也相等（且均为容抗或均为感抗），则称为三相对称负载。如果各相负载均不同，就称为不对称的三相负载，如三相照明电路中的负载。

任何电气设备都设计在某一规定的电压下使用（称额定电压），若加在电气设备上的电压高于此额定电压，则设备的使用寿命就会降低；若低于额定电压，则不能正常工作。因此，使用任何电气设备时都要注意负载本身的额定电压与电源电压一致。负载也和电源一样可以采用两种不同的连接方法，即星形连接（Y）和三角形连接（△）。

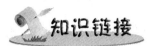

三相负载的连接

1．三相负载的星形连接

（1）定义：将三相负载的一端连接在一起与电源的中点连接，另一端分别与三相电源相连接的方式称为三相负载的星形连接，如图6.2.7所示。这也是常说的三相四线制供电线路。

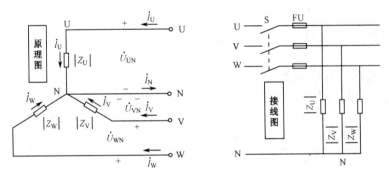

图 6.2.7　三相负载的星形连接（有中性线）

（2）电压、电流关系。

为讨论问题方便，先做如下说明。

线电压 U_L：三相负载的线电压就是电源的线电压，也就是两根相线（火线）之间的电压。

相电压 U_P：每相负载两端的电压称为负载的相电压，在忽略输电线上的电压降时，负载的相电压就等于电源的相电压，因此 $U_L = \sqrt{3} U_P$。

线电流 I_L：流过每根相线上的电流叫线电流。

相电流 I_P：流过每相负载的电流叫相电流。

中线电流 I_N：流过中线的电流叫中线电流。

对于三相电路中的每一相而言，可以看成一个单相电路，所以各相电流与电压间的相位关系及数量关系都可用讨论单相电路的方法来讨论。

若三相负载对称，则在三相对称电压的作用下，流过三相对称负载中每相负载的电流应相等，即

$$I_L = I_U = I_V = I_W = \frac{U_P}{|Z_P|}$$

而每相电流间的相位差仍为 120°。由 KCL 定律可知，中线电流 $i_N = i_U + i_V + i_W = 0$，对应的相量式为

$$\dot{I}_N = \dot{I}_U + \dot{I}_V + \dot{I}_W = 0$$

图 6.2.8 的接线方式是只有三根相线，而没有中性线的电路，即三相三线制，图 6.2.7 的接线方式除了三根相线外，在中性点还接有中性线，即三相四线制。三相四线制除供电给三相负载外，还可供电给单相负载，故凡有照明、单相电动机、电扇、各种家用电器的场合，也就是说一般低压用电场所，大多采用三相四线制。

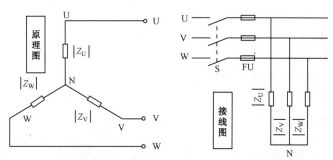

图 6.2.8　三相负载的星形连接（无中性线）

（3）三相四线制的特点如下。
① 相电流 I_P 等于线电流 I_L，即：

$$I_P = I_L$$

② 加在负载上的相电压 U_P 和线电压 U_L 之间有如下关系：

$$U_L = \sqrt{3} U_P$$

③ 流过中性线 N 的电流 $\dot{I}_N$ 为：

$$\dot{I}_N = \dot{I}_U + \dot{I}_V + \dot{I}_W$$

当三相电路中的负载完全对称时，在任意一个瞬间，三个相电流中，总有一相电流与其余两相电流之和大小相等，方向相反，正好互相抵消。所以，流过中性线的电流等于零。

因此，在三相对称电路中，当负载采用星形连接时，由于流过中性线的电流为零，取消中性线也不会影响到各相负载的正常工作，这样三相四线制就可以变成三相三线制供电，如三相异步电动机及三相电炉等负载，当采用星形连接时，电源对该类负载就不用接中性线。通常在高压输电时，由于三相负载都是对称的三相变压器，所以都采用三相三线制供电。

若三相负载不对称，则中性线电流 $\dot{I}_N = \dot{I}_U + \dot{I}_V + \dot{I}_W \neq 0$，中性线不能省略。因为当有中性线存在时，它能使星形连接的各相负载，即使在不对称的情况下，也均有对称的电源相电压，从而保证了各相负载能正常工作。如果中性线断开变成三相三线制供电，则将导致各相负载的相电压分配不均匀，有时会出现很大的差别，造成有的相电压超过额定相电压而使用电设备不能正常工作。故三相四线制供电时中性线决不允许断开。因此在中性线上不能安装开关、熔断器，而且中性线本身强度要好，接头处应连接牢固。

另外，接在三相四线制电网上的单相负载，如照明电路、单相电动机、小型电热设备、各种家用电器、电焊机等，在设计安装供电线路时也尽量做到把各单相负载均匀地分配给三相电源，以保证供电电压的对称和减少流过中性线的电流。

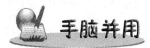

三相负载的星形连接与测试

1. 实验准备

（1）万用表 1 只；
（2）交流电流表 4 只；
（3）三相负载灯箱 1 只；
（4）三相调压器（调至 220 V）1 台；
（5）三相闸刀开关 1 个；
（6）单相开关若干。

2. 实验步骤

（1）按图 6.2.9 将负载接成星形。

（2）闭合 S_1 和 S_2，测量三相负载对称时（每相开的灯的盏数相同）的线电压、相电压、线电流和相电流，同时注意观察灯的亮度，并将结果填入表 6.2.1 中。线电流和中性线电流的测量可以断开对应的开关，将电流表跨接于开关两端（串入电路）。

（3）断开中性线开关 S_2，其他不变，观察各相灯光亮度有何变化？并测量线电压、相电压、线电流和相电流，将结果填入表 6.2.1 中。

（4）改变各相负载，使 U 相为 3 盏灯，V 相为 2 盏灯，W 相为 1 盏灯，观察各相灯光亮度的变化，测量线电压、相电压、线电流和相电流，并将结果填入表 6.2.1 中。

（5）重新闭合 S_2，观察各相灯光亮度的变化，再次测量线电压、相电压、线电流和相电流，并将结果填入表 6.2.1 中。

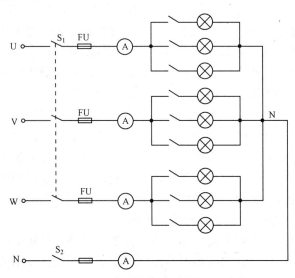

图 6.2.9 三相负载星形连接实验电路

表 6.2.1　实验结果

负载情况	中性线	灯泡亮度			线电压（V）			相电压（V）			线电流（A）			相电流（A）			中性线电流（A）
		U	V	W	U_{UV}	U_{VW}	U_{WU}	U_U	U_V	U_W	I_U	I_V	I_W	I_{UV}	I_{VW}	I_{WU}	I_N
三相对称	有																
	无																
三相不对称	有																
	无																

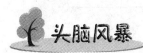

（1）实验前要检查负载灯箱中各相负载所使用的灯泡功率是否一致，以保证负载对称，连接各灯泡的开关是否灵活完好，以便于设置负载的对称或不对称。
（2）三相电源引线较多，注意正确接线。调压器中性点必须与电源中性线连接。
（3）该实验涉及强电，注意不要碰触金属带电物体，防止触电或电源事故。
（4）三相交流电源电压较高，线路必须经指导教师检查认可后，方可通电进行实验，实验时严禁人体触及带电部分，以确保人身安全。
（5）更换实验内容时，必须先停电，严禁带电操作，以确保设备及人身安全。
（6）在进行三相不对称负载星形连接无中性线的实验时，由于加在三个灯泡上的电压不对称，有的灯泡上的电压可能超过 220 V，因此在进行实验时动作要迅速，以免烧坏灯泡。

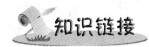

（1）什么情况下应采用有中性线的星形连接？
（2）用实验数据说明中性线的作用及线电压和相电压、线电流和相电流之间的关系。
（3）在三相四线制中，中性线上是否能接入熔断器？为什么？

知识链接

三相负载的三角形连接

1．定义

将三相负载分别接在三相电源的每两根相线之间的接法，称为三相负载的三角形连接，如图 6.2.10 所示。

2. 电压、电流关系

对于三角形连接的每相负载来说,也是单相交流电路,所以各相电流、电压和阻抗三者的关系仍与单相电路相同。由于三角形连接的各相负载是接在两根相线之间,因此负载的相电压就是线电压。

假设三相电源及负载均对称,则三相电流大小均相等:

$$I_P = I_{UV} = I_{VW} = I_{WU} = \frac{U_P}{|Z_P|}$$

三个相电流在相位上互差 120°,图 6.2.11 画出了它们的相量图,所以,线电流 $\dot{I}_U$、$\dot{I}_V$、$\dot{I}_W$ 分别为:

$$\begin{cases} \dot{I}_U = \dot{I}_{UV} - \dot{I}_{WU} \\ \dot{I}_V = \dot{I}_{VW} - \dot{I}_{UV} \\ \dot{I}_W = \dot{I}_{WU} - \dot{I}_{VW} \end{cases}$$

由图 6.2.11 通过几何关系不难证明 $I_L = \sqrt{3} I_P$。即当三相对称负载采用三角形连接时,线电流等于相电流的 $\sqrt{3}$ 倍。从矢量图中还可看到线电流和相电流不同相,线电流滞后相应的相电流 30°。

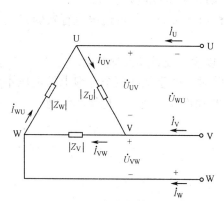

图 6.2.10 三相负载的三角形连接

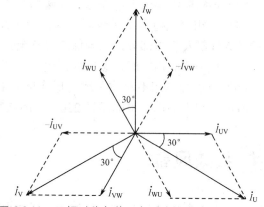

图 6.2.11 三相对称负载三角形连接时的电流相量图

因此三相对称负载三角形连接的电流、电压关系为:

(1) 线电压 U_L 与相电压 U_P 相等,即

$$U_L = U_P$$

(2) 线电流 I_L 是相电流 I_P 的 $\sqrt{3}$ 倍,即

$$I_L = \sqrt{3} I_P$$

在三相三线制电路中,根据 KCL,把整个三相负载看成一个节点的话,则不论负载的接法如何,以及负载是否对称,三相电路中的三个线电流的瞬时值之和或三个线电流的相量和总是等于零,即

$$i_U + i_V + i_W = 0$$
$$\dot{I}_U + \dot{I}_V + \dot{I}_W = 0$$

例 1:有三个 100 Ω 的电阻,将它们接成星形或三角形,分别接到线电压为 380 V 的对称三相电源上,如图 6.2.12 所示。线电压、相电压、线电流和相电流各是多少?

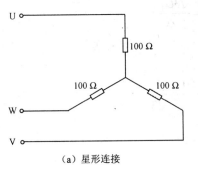
(a) 星形连接

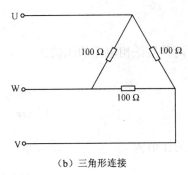
(b) 三角形连接

图 6.2.12　负载的连接

解：（1）负载为星形连接，如图 6.2.12（a）所示。负载的线电压为 $U_L = 380\text{ V}$。

负载的相电压为线电压的 $\dfrac{1}{\sqrt{3}}$，即

$$U_P = \frac{U_L}{\sqrt{3}} = \frac{380}{\sqrt{3}}\text{ V} = 220\text{ V}$$

负载的相电流等于线电流

$$I_P = I_L = \frac{U_P}{R} = \frac{220}{100}\text{ A} = 2.2\text{ A}$$

（2）负载为三角形连接，如图 6.2.12（b）所示。

负载的线电压为

$$U_L = 380\text{ V}$$

负载的相电压等于线电压，即

$$U_P = U_L = 380\text{ V}$$

负载的相电流为

$$I_P = \frac{U_P}{R} = \frac{380}{100}\text{ A} = 3.8\text{ A}$$

负载的线电流为相电流的 $\sqrt{3}$ 倍

$$I_L = \sqrt{3} I_P = \sqrt{3} \times 3.8\text{ A} = 6.58\text{ A}$$

例 2： 大功率三相电动机起动时，由于起动电流较大而采用降压起动，其方法之一是起动时将电动机三相绕组接成星形，而在正常运行时改接为三角形。试比较当绕组星形连接和三角形连接时相电流的比值及线电流的比值。

解： 当绕组按星形连接时，

$$U_{\text{YP}} = \frac{U_L}{\sqrt{3}}$$

$$I_{\text{YL}} = I_{\text{YP}} = \frac{U_{\text{YP}}}{|Z|} = \frac{U_L}{\sqrt{3}|Z|}$$

当绕组按三角形连接时，

$$U_{\Delta\text{P}} = U_L$$

$$I_{\Delta\text{P}} = \frac{U_{\Delta\text{P}}}{|Z|} = \frac{U_L}{|Z|}$$

$$I_{\Delta L} = \sqrt{3}I_{\Delta P} = \frac{\sqrt{3}U_L}{|Z|}$$

所以,两种接法相电流的比值为

$$\frac{I_{YP}}{I_{\Delta P}} = \frac{U_L/(\sqrt{3}|Z|)}{U_L/|Z|} = \frac{1}{\sqrt{3}}$$

线电流的比值为

$$\frac{I_{YL}}{I_{\Delta L}} = \frac{U_L/(\sqrt{3}|Z|)}{\sqrt{3}U_L/|Z|} = \frac{1}{3}$$

三相对称负载做不同连接的特点见表 6.2.2。

表 6.2.2 三相对称负载做不同连接的特点

		对称负载的 Y 型连接	对称负载的 △ 型连接
接线原理图			
相电压与线电压的关系	数量关系	负载相电压有效值为线电压的 $\frac{1}{\sqrt{3}}$ 倍,即:$U_{YP} = \frac{1}{\sqrt{3}}U_L$	负载相电压有效值等于线电压,即:$U_{\Delta P} = U_L$
	相位关系	负载相电压滞后对应的线电压 30°,即:$\varphi_{YP} = \varphi_L - 30°$	负载相电压与对应的线电压同相位,即:$\varphi_{\Delta P} = \varphi_L$
线电流与相电流的关系	数量关系	线电流有效值与相电流有效值相等,即:$I_{YL} = I_P$	线电流的有效值是相电流有效值的 $\sqrt{3}$ 倍,即:$I_{\Delta L} = \sqrt{3}I_P$
	相位关系	线电流与对应的相电流同相位,即:$\varphi_{YL} = \varphi_P$	线电流滞后对应的相电流 30°,即:$\varphi_{\Delta L} = \varphi_P - 30°$

手脑并用

三相负载的三角形连接与测试

1. 实验准备

(1) 三相调压器 1 台;
(2) 万用表 1 只;

(3) 交流电流表 6 只；

(4) 开关若干；

(5) 三相负载灯箱 1 只。

2. 实验步骤

(1) 按图 6.2.13 将负载接成三角形。

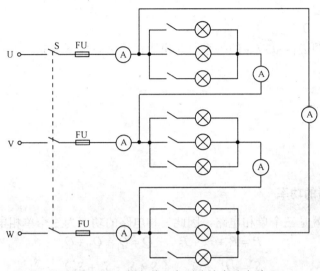

图 6.2.13 三相负载三角形连接实验电路

(2) 闭合电源开关 S，测量三相负载对称时的线电压、相电压、线电流和相电流，同时观察各相灯光亮度情况，并将数据填入表 6.2.3 中。

(3) 将三相负载调整为不对称，如 U 相为 2 盏灯，V 相为 1 盏灯，W 相为 3 盏灯，观察灯光亮度有何变化？并测量线电压、相电压、线电流和相电流，将数据填入表 6.2.3 中。

表 6.2.3 实验结果

负载情况	线电压			相电压			线电流			相电流			灯泡亮度		
	U_{UV}	U_{VW}	U_{WU}	U_U	U_V	U_W	I_U	I_V	I_W	I_{UV}	I_{VW}	I_{WU}	L_1	L_2	L_3
三相对称															
三相不对称															

 安全警告

(1) 三相交流电源线电压为 220 V，若三相交流电源线电压为 380 V，负载应改用其他负载。

(2) 实验前要检查负载灯箱中各相负载所使用的灯泡功率是否一致，以保证负载对称，连接各灯泡的开关是否灵活完好，以便于设置负载的对称或不对称。

（3）该实验涉及强电，注意不要碰触金属带电物体，防止触电或电源事故。

（4）三相交流电源电压较高，线路必须经指导教师检查认可后，方可通电进行实验，实验时严禁人体触及带电部分，以确保人身安全。

（5）更换实验内容时，必须先停电，严禁带电操作，以确保设备及人身安全。

从记录数据中说明 $I_{\triangle L} = \sqrt{3}\, I_{\triangle P}$ 的关系，并说明在什么条件下成立。

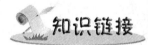

三相电路的功率

1．一般三相电路的功率

三相电路实际上就是三个单相电路，因此三相电路的功率为三个单相电路的功率之和，即

$$P = P_1 + P_2 + P_3 \qquad Q = Q_1 + Q_2 + Q_3$$

$$S = \sqrt{P^2 + Q^2} \quad (S \neq S_1 + S_2 + S_3)$$

当三相负载完全相同时（三相对称负载），各相功率相同，则有

$$P = 3P_P = 3U_P I_P \cos\varphi_P$$

$$Q = 3Q_P = 3U_P I_P \sin\varphi_P$$

$$S = \sqrt{P^2 + Q^2} = 3U_P I_P$$

2．三相对称电路功率的计算

三相对称电路的功率可以按照上面的计算公式计算，但是相电压和相电流通常不便于测量，而便于测量的是电路的线电压和线电流，因此常通过线电压和线电流来求解三相对称电路的功率。

当三相对称负载为 Y 形连接时有

$$U_{YP} = \frac{U_L}{\sqrt{3}}, \quad I_{YP} = I_{YL}$$

$$P_Y = 3P_P = 3U_{YP} I_{YP} \cos\varphi_P = 3\frac{U_L}{\sqrt{3}} \cdot I_{YL} \cos\varphi_P = \sqrt{3}\, U_L I_{YL} \cos\varphi_P$$

当三相对称负载为△形连接时有

$$U_{\triangle P} = U_L, \quad I_{\triangle P} = \frac{I_{\triangle L}}{\sqrt{3}}$$

$$P_\triangle = 3P_P = 3U_{\triangle P} I_{\triangle P} \cos\varphi_P = 3U_L \cdot \frac{I_{\triangle L}}{\sqrt{3}} \cos\varphi_P = \sqrt{3}\, U_L I_{\triangle L} \cos\varphi_P$$

由此可见，三相对称负载不论做何种连接，总的有功功率均可统一写成同理：
$$P = \sqrt{3}U_L I_L \cos\varphi_p$$
$$Q = \sqrt{3}U_L I_L \sin\varphi_p$$
$$S = \sqrt{3}U_L I_L$$

例 3：已知三相对称电源 $U_L = 380$ V，三相对称负载 $Z = 60 + j80 \,\Omega$，求负载分别做 Y 型和 △形连接时电路的线电流 I_L、有功功率 P、无功功率 Q 和视在功率 S，并比较它们做不同连接时的功率间的关系。

解：负载为 Y 接法时

$$U_{YP} = \frac{U_L}{\sqrt{3}} = \frac{380}{\sqrt{3}} \text{V} = 220 \text{ V}, \quad I_{YL} = I_{YP} = \frac{U_{YP}}{|Z|} = \frac{220}{\sqrt{60^2 + 80^2}} \text{A} = 2.2 \text{ A}$$

$$\varphi_p = \arctan\frac{80}{60} = 53.1°$$

$$P_Y = \sqrt{3}U_L I_{YL} \cos\varphi_p = \sqrt{3} \times 380 \times 2.2 \times \cos 53.1° \text{W} = 869 \text{ W}$$

$$Q_Y = \sqrt{3}U_L I_{YL} \sin\varphi_p = \sqrt{3} \times 380 \times 2.2 \times \sin 53.1° \text{Var} = 1157.8 \text{ Var}$$

$$S_Y = \sqrt{3}U_L I_{YL} = \sqrt{3} \times 380 \times 2.2 \text{VA} = 1448 \text{ VA}$$

当负载为△接法时 $\quad U_{\Delta P} = U_L = 380$ V，

$$I_{\Delta P} = \frac{U_{\Delta P}}{|Z|} = \frac{380}{\sqrt{60^2 + 80^2}} \text{A} = 3.8 \text{ A} \quad I_{\Delta L} = \sqrt{3}I_{\Delta P} = \sqrt{3} \times 3.8 \text{ A} = 6.6 \text{ A}$$

$$P_\Delta = \sqrt{3}U_L I_{\Delta L} \cos\varphi_p = \sqrt{3} \times 380 \times 6.6 \times \cos 53.1° \text{W} = 2607 \text{ W}$$

$$Q_\Delta = \sqrt{3}U_L I_{\Delta L} \sin\varphi_p = \sqrt{3} \times 380 \times 6.6 \times \sin 53.1° \text{Var} = 3473.4 \text{ Var}$$

$$S_\Delta = \sqrt{3}U_L I_{\Delta L} = \sqrt{3} \times 380 \times 6.6 \text{ VA} = 4344 \text{ VA}$$

由上面的计算可知，同样的三相对称负载在相同的线电压下分别做 Y 形和△形连接时因为 $I_{\Delta L} = 3I_{YL}$，所以 $P_\Delta = 3P_Y$，$Q_\Delta = 3Q_Y$，$S_\Delta = 3S_Y$。

三相电路功率的测量

1. 实验器材

（1）二元三相功率表和三元三相功率表各 1 只；
（2）3 只 "220 V、60 W" 的白炽灯；
（3）三极刀开关 1 个；
（4）螺旋式熔断器 3 只；
（5）三相四线制电源及一些连接导线。

2. 实验步骤

1）二元三相功率表测量三相三线制供电电路的功率
① 检查功率表电压线圈额定电压是否大于电源线电压、电流线圈额定电流是否大于线电流。

② 按照图 6.2.14 所示的电路进行接线。二元三相功率表面板上有 7 个接线端，接线时应注意：两个电流线圈 A_1 和 A_3 可以任意串联接入被测三相三线制电路中的两根，使通过线圈的电流为三相电路的线电流，同时应注意将发电机端接到电源一侧；两个电压线圈 B_1 和 B_3 通过 U_1 端纽和 U_3 端纽分别接到电流线圈所在的线上，而 U_2 端纽接至三相三线制电路中的另一根线上。

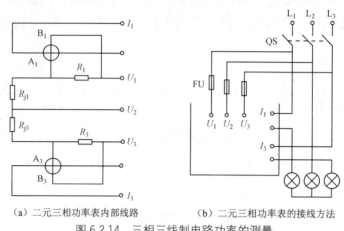

(a) 二元三相功率表内部线路　　　(b) 二元三相功率表的接线方法

图 6.2.14　三相三线制电路功率的测量

③ 合上刀开关接通三相电源，读出功率表指针偏转的格数，根据分格常数得出被测电路功率。

2) 三元三相功率表测量三相四线制供电电路的功率

① 检查功率表电压线圈额定电压是否大于电源相电压，线圈额定电流是否大于线电流。

② 按照图 6.2.15 所示的电路进行接线。三元三相功率表的面板上有 10 个接线端纽，其中电流端纽 6 个，电压端纽 4 个。接线时应注意将接中性线的端纽接至中性线上，三个电流线圈分别串联接至三根相线上，而三个电压线圈分别接至各自电流线圈所在的相线上（此电路中灯泡的功率可以不同）。

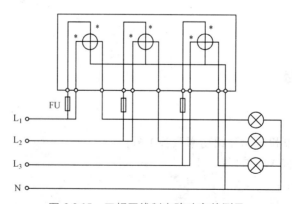

图 6.2.15　三相四线制电路功率的测量

③ 合上开关接通三相电源，读出功率表指针偏转的格数，根据分格常数得出被测电路的功率。

注意功率表电压量程和电流量程的选择。务必使电流量程能容许通过负载电流,电压量程能承受负载电压。

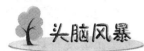

某一功率表,在测量一相负载功率时,选用电压量程为 25 V,电流量程为 1 A,满刻度是 125 格,则该功率表的分格常数为多少?如果指针所指刻度是 12.5 格,则被测负载功率为多少?

1. 填空题

(1) 在三相发动机的相电压为 $u_U = 220\sqrt{2}\sin(314t+30°)$ V,则当绕组做 Y 型连接时,三个线电压分别为:u_{UV}=＿＿＿＿＿＿,u_{VW}=＿＿＿＿＿＿,u_{WU}=＿＿＿＿＿＿。

(2) 有一对称三相负载接成星形,每相负载的阻抗为 22 Ω,功率因数为 0.8,测出负载中的电流为 10 A,则三相电路的有功功率为＿＿＿＿＿＿。如果负载改为三角形接法,且仍保持负载中的电流为 10 A,在三相电路的有功功率为＿＿＿＿＿＿。如果保持电源线电压不变,负载改为三角形接法,则三相电路的有功功率为＿＿＿＿＿＿。

2. 判断题

(1) 三相四线制供电系统中,中线具有使不对称负载获得对称相电压的作用。( )

(2) 三相负载在同一线电压下分别做 Y 型和 △ 型连接时,有 $I_{\triangle L} = 3I_{YL}$。( )

3. 简答题

若将应该做 Y 型连接的异步电动机误接成△型,会出现什么后果?若将应该做△型连接的异步电动机误接成 Y 型,又会出现什么后果?

4. 计算题

(1) 有一三相对称负载,每相负载的电阻为 80 Ω,电抗为 60 Ω,在下列两种情况下,求负载中的相电流、线路中的线电流及电路中的有功功率。①负载做星形连接,电源线电压为 380 V。②负载做三角形连接,电源线电压为 380 V。

(2) 某三相电动机做 Y 型连接后接到线电压为 380 V 的三相电源上,消耗的功率为 2.28 kW,电动机功率因数为 0.8,求电动机定子中的相电流。若把电动机做△型连接,电源线电压不变,求此时的相电流、线电流及三相有功功率。

学习领域七 照 明 电 路

领域简介

照明电路是从事电工工作必备的知识和技能。本领域主要介绍常用电工工具及材料的使用，荧光灯的安装与故障分析，交流电路的功率测试，配电箱的原理图识读，以及简易配电箱的安装与调试。

项目 1 荧光灯的安装

学习目标

- ◆ 了解常用电工工具的名称及其用法
- ◆ 了解电工操作的基本工艺要求
- ◆ 了解荧光灯电路的工作原理
- ◆ 理解功率因数的定义、意义及提高方法
- ◆ 能正确识读配电箱电路图
- ◆ 会安装荧光灯电路及常见故障分析
- ◆ 会安装简易配电箱及功能测试

工作任务

- ◆ 能按照操作规范完成导线、线管的铺设，线管的连接，线管与配电箱的连接
- ◆ 进一步熟悉电工工具的使用
- ◆ 会进行低压线路中导线的连接并能掌握接头绝缘处理的技能及方法
- ◆ 会进行电感式镇流器荧光灯电路的安装和故障排除
- ◆ 会正确选用配电板（箱），会使用兆欧表、功率表、电度表等电工仪表
- ◆ 能进行简单的室内配线并熟悉槽板、线管、护套线的安装工艺要求

第 1 步 常用电工工具及材料使用

1. 常用电工工具

电工工具是电气操作的基本工具。工具不合格、质量不好或使用不当，都会影响施工质

量、降低工作效率,甚至造成事故。因此对于电气操作人员,必须掌握电工常用工具的结构、性能和正确的使用方法。

1)测电笔

测电笔是用来测试导线、开关、插座等电器及电气设备是否带电的工具,常用的测电笔有螺丝刀式和钢笔式两种,其结构如图 7.1.1 所示。测电笔主要由氖管、电阻、弹簧和笔身组成。

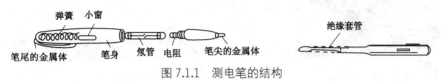

图 7.1.1 测电笔的结构

使用时,注意手指必须接触金属挂(钢笔式)或测电笔顶部的金属螺钉(螺丝刀式),使电流由被测带电体经测电笔和人体与大地构成回路,正确握法如图 7.1.2 所示。只要被测带电体与大地之间的电压超过 60 V 时,氖管就会发光,观察时应将氖管窗口背光朝向操作者。螺丝刀式测电笔裸露部分较长,可在金属杆上加绝缘套管,以便安全使用。

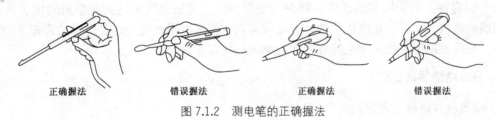

图 7.1.2 测电笔的正确握法

2)螺丝刀

螺丝刀又名起子。按其功能和头部形状可分为一字形和十字形,按握柄材料的不同可分为木柄和塑料柄两类。使用螺丝刀时,应按螺钉的规格选用适合的刀口。它的正确使用方法如图 7.1.3 所示。

3)尖嘴钳与斜口钳

尖嘴钳通常工作在较狭小的地方,如灯座、开关内的线头固定等。它主要由钳头、钳柄和绝缘管等组成。尖嘴钳使用时不能当做敲打工具。电工中经常用到头部偏斜的斜口钳,又名断线钳,专门用于剪断较粗的电线和其他金属丝,其柄部为绝缘柄,如图 7.1.4 所示。

图 7.1.3 螺丝刀的正确使用方法　　　　图 7.1.4 尖嘴钳与斜口钳

4)剥线钳

剥线钳是用来剥削小直径导线线头绝缘层的工具,如图 7.1.5 所示,剥线钳主要由钳头和钳柄组成,剥线钳使用时注意要根据不同的线径选择剥线钳不同的刃口,否则容易造成线芯被剪断。

5）电工刀

电工刀是用来剖削电工材料绝缘层的工具，如剖削电线、电缆等，如图 7.1.6 所示。电工刀主要由刀身和刀柄组成。电工刀使用时注意刀口应朝外操作，在剖削电线时，刀口要放平，以免割伤线芯，使用后要及时把刀身折入刀柄内，以免刀刃受损或伤及人身。

图 7.1.5　剥线钳　　　　　　　　图 7.1.6　电工刀

2．导线连接的基本要求

（1）机械强度高：接头的机械强度不应小于导线机械强度的 80%。

（2）接头电阻小且稳定：接头的电阻值不应大于相同长度导线的电阻值。

（3）耐腐蚀：对于铝和铝连接，如采用熔焊法，主要防止残余熔剂或熔渣的化学腐蚀；对于铝和铜的连接，主要防止电化腐蚀，在连接前后，要采取措施避免这类腐蚀的存在。

（4）绝缘性能好：接头的绝缘强度应与导线的绝缘强度一样。

3．导线绝缘层的剖削

1）塑料硬线绝缘层的剖削

塑料硬线的绝缘层的剖削用剥线钳最为方便，但若无剥线钳，可分以下两种情况考虑。

对于线芯截面在 2.5 mm² 及以下的塑料硬线，用钢丝钳剖削的方法如下。

第一步：在线头所需长度交界处，用钢丝钳口轻轻切破绝缘层表皮。

第二步：左手拉紧导线，右手适当用力捏住钢丝钳头部，向外用力勒去绝缘层，如图 7.1.7 所示。在勒去绝缘层时，不可在钳口处加剪切力，这样会伤及线芯，甚至将导线剪断。

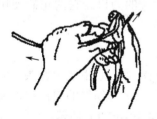

图 7.1.7　用钢丝钳勒去导线绝缘层

对于线芯规格大于 4 mm² 的塑料硬线的绝缘层，用钢丝钳剖削较为困难，可用电工刀剖削，方法如下。

第一步：根据线头所需长度，用电工刀刀口对导线成 45° 角切入塑料绝缘层，注意掌握刀口刚好削透绝缘层而不伤及线芯，如图 7.1.8（a）所示。

第二步：调整刀口与导线间的角度以 15° 角向前推进，将绝缘层削出一个缺口，如图 7.1.8（b）所示。

第三步：将未削去的绝缘层向后扳翻，再用电工刀切齐，如图 7.1.8（c）所示。

2）塑料软线绝缘层的剖削

塑料软线绝缘层的剖削除用剥线钳外，仍可用钢丝钳按直接剖削 2.5 mm² 及以下的塑料硬线的方法进行，但不能用电工刀剖削，因塑料软线太软，线芯又由多股铜丝组成，用电工刀很容易伤及线芯。

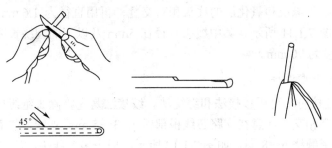

(a) 刀口以45°角切入　　(b) 刀口以15°角削去绝缘层　　(c) 翻下剩余绝缘层

图 7.1.8　用电工刀剖削导线绝缘层

3）塑料护套线绝缘层的剖削

塑料护套线绝缘层分为外层的公共护套层和内部每根芯线的绝缘层。公共护套层一般用电工刀剖削，先按线头所需长度，将刀尖对准两股芯线的中缝划开护套层，并将护套层向后扳翻，然后用电工刀齐根切去，如图 7.1.9 所示。切去护套层后，露出的每根芯线绝缘层可用钢丝钳或电工刀按照剖削塑料硬线绝缘层的方法分别除去。钢丝钳或电工刀在切入时切口应离护套层 5~10 mm。

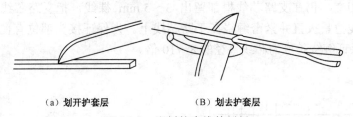

(a) 划开护套层　　　　　(B) 划去护套层

图 7.1.9　塑料护套线的剖削

4．导线的连接

常用的导线按芯线股数不同，有单股、7 股、19 股等多种规格，其连接方法也各不相同，这里主要介绍单股与 7 股铜芯导线的连接方法。

1）单股铜芯线的直接连接：绞接法和缠绕法

绞接法用于截面较小的导线，缠绕法用于截面较大的导线。

绞接法是先将已剖除绝缘层并去掉氧化层的两根线头呈"×"形相交，如图 7.1.10（a）所示，并互相绞合 2~3 圈，如图 7.1.10（b）所示，接着扳直两个线头的自由端，将每根线的自由端在对边的线芯上紧密缠绕至线芯直径的 6~8 倍长，如图 7.1.10（c）所示，再将多余的线头剪去，修理好切口毛刺即可。

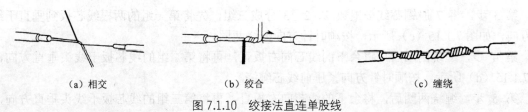

(a) 相交　　　　　　　(b) 绞合　　　　　　　(c) 缠绕

图 7.1.10　绞接法直连单股线

缠绕法是将已去除绝缘层和氧化层的线头相对交叠，再用直径为 1.6 mm 的裸铜线做缠绕线在其上进行缠绕，如图 7.1.11 所示，其中线头直径在 5mm 及以下的缠绕长度为 60 mm，直径大于 5 mm 的，缠绕长度为 90 mm。

2）单股铜芯线的 T 形连接

单股芯线 T 形连接时仍可用绞接法和缠绕法。绞接法是先将除去绝缘层和氧化层的线头与干线剖削处的芯线十字相交，注意在支路芯线根部留出 3～5 mm 裸线，接着顺时针方向将支路芯线在干路芯线上紧密缠绕 6～8 圈，如图 7.1.12 所示，剪去多余线头，修整好毛刺。

图 7.1.11 缠绕法直连单股线

图 7.1.12 T 形连接单股铜芯线

对用绞接法连接较困难的截面较大的导线，可用缠绕法，如图 7.1.13 所示。其具体方法与单股芯线直连的缠绕法相同。

对于截面较小的单股铜芯线，可用图 7.1.14 所示的方法完成 T 形连接，先把支路芯线线头与干路芯线十字相交，仍在支路芯线根部留出 3～5 mm 裸线，把支路芯线在干线上缠绕成结状，再把支路芯线拉紧扳直并紧密缠绕在干路芯线上。为保证接头部位有良好的电接触和足够的机械强度，应保证缠绕长度为芯线直径的 8～10 倍。

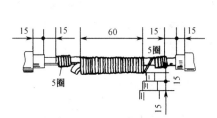

图 7.1.13 缠绕法 T 形连接单股芯线

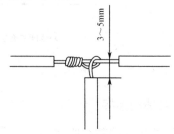

图 7.1.14 小截面单股 T 形连接

3）7 股铜芯线的直线连接

第 1 步，将除去绝缘层和氧化层的芯线线头分成单股散开并拉直，在线头总长的 1/3 处（离根部距离）顺着原来的扭转方向将其绞紧，余下的三分之二长度的线头分散成伞形，如图 7.1.15（a）所示。

第 2 步，将两股伞形线头相对，隔股交叉直至伞形根部相接，然后捏平两边散开的线头，如图 7.1.15（b）所示。

第 3 步，将 7 股铜芯线按根数 2、2、3 分成三组，先将第一组的两根线芯扳到垂直于线头的方向，如图 7.1.15（c）所示，按顺时针方向缠绕两圈。

第 4 步，缠绕两圈后，将余下的线芯向右扳直，再将第二组的线芯扳于线头垂直方向，如图 7.1.15（d）所示，按顺时针方向紧压前线芯缠绕。

第 5 步，缠绕两圈后，将余下的线芯向右扳直，再将第三组的线芯扳于线头垂直方向，如图 7.1.15（e）所示，按顺时针方向紧压前线芯缠绕。

第 6 步，绕了三圈后，切去每组多余的线芯，钳平线端，如图 7.1.15（f）所示。到此完成了该接头的一半任务，后一半的缠绕方法与前一半完全相同。

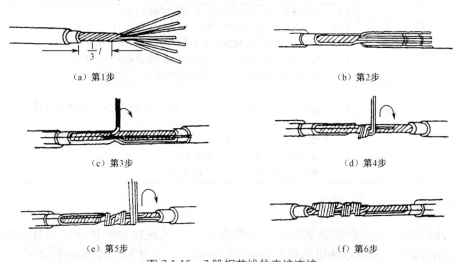

图 7.1.15 7 股铜芯线的直接连接

4）7 股铜芯线的 T 形连接

第 1 步，将除去绝缘层和氧化层的支路线端分散拉直，在距根部 1/8 处将其进一步绞紧，将支路线头按 3 和 4 的根数分成两组并整齐排列。接着用一字形螺丝刀把干线也分成尽可能对等的两组，并在分出的中缝处撬开一定距离，将支路芯线的一组穿过干线的中缝，另一组排于干路芯线的前面，如图 7.1.16（a）所示。

第 2 步，将前面一组在干线上按顺时针方向缠绕 3~4 圈，剪除多余线头，修整好毛刺，如图 7.1.16（b）所示。

第 3 步，将支路芯线穿越干线的一组在干线上按逆时针方向缠绕 3~4 圈，剪去多余线头，钳平毛刺即可，如图 7.1.16（c）所示。

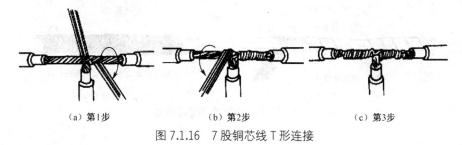

图 7.1.16 7 股铜芯线 T 形连接

5．导线的封端

导线的封端是指将大于 $10\ mm^2$ 的单股铜芯线、大于 $2.5\ mm^2$ 的多股铜芯线和单股铝芯线的线头进行焊接或压接接线端子的工艺过程。导线封端在电工工艺上，铜导线封端与铝导线封端是不同的，工艺流程见表 7.1.1。

表 7.1.1　导线的封端

导线材质	选用方法	封端工艺
铜	焊锡法	(1) 去除线头表面、接线端子孔内的氧化物和污物 (2) 在焊接面上涂上无酸焊锡膏，线头搪一层锡 (3) 将适量焊锡放入接线端子孔内，用喷灯对其加热至熔化 (4) 将搪锡线头接入端子孔，把熔化的焊锡灌满线头与接线端子孔内 (5) 停止加热，使焊锡冷却，线头与接线端子牢固连接
铜	压接法	(1) 去除线头表面、压接管内的氧化物和污物 (2) 将两根线头相对插入，并穿出压接管（两线端各伸出压接管 25～30 mm） (3) 用压接钳进行压接
铝	压接法	(1) 去除线头表面、接线端子孔内的氧化物和污物 (2) 分别在线头、接线孔两接触面涂以中性凡士林 (3) 将线头插入接线孔，用压接钳进行压接

6. 导线绝缘层的恢复

导线绝缘层被破坏后必须修复，并且导线直接点的机械拉力不能小于原导线机械拉力的 80%，在实际操作中，导线绝缘层的修复通常采用包缠法，具体操作步骤如下。

第 1 步，用绝缘带（黄腊带或涤纶薄膜带）从左侧完好的绝缘层上开始顺时针包缠，如图 7.1.17（a）所示。

第 2 步，在包扎时，绝缘带与导线应保持 45°的倾角并用力拉紧，使绝缘带半幅相叠压紧，如图 7.1.17（b）所示。

第 3 步，另一端也必须包入与始端同样长度的绝缘层，然后接上黑胶带，并使黑胶带包出绝缘带至少半根带宽，即让黑胶带完全包没绝缘带，如图 7.1.17（c）所示。

第 4 步，收尾后应用双手的拇指和食指紧捏黑胶带两端口，进行一正一反拧紧，利用黑胶带的黏性将两端口充分密封起来，如图 7.1.17（d）所示。

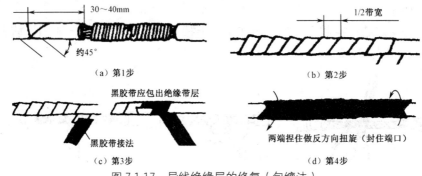

图 7.1.17　导线绝缘层的修复（包缠法）

常用导线的连接

1. 实验器材

电工刀、钢丝钳、尖嘴钳、剥线钳、1 mm² 单股塑料铜芯导线、1.5 mm² 铜芯护套线、7 股塑料铜芯线、绝缘带、黑胶布、熔断器和瓷接头。

2. 实验内容与步骤

（1）剖削导线绝缘层并将有关数据记录在表 7.1.2 中。
① 用剥线钳剖削 1 mm² 单股塑料铜芯导线线头的绝缘层。
② 用电工刀剖削 1.5 mm² 铜芯护套线的绝缘层。
（2）连接导线并将有关数据记录在表 7.1.3 中。
① 单股塑料铜芯导线的直线连接。
② 7 股塑料铜芯线的 T 形连接。
（3）导线绝缘层的恢复。

表 7.1.2　导线绝缘层剖削记录

导线种类	导线规格	剖削长度	剖削工艺要点
1 mm² 单股塑料铜芯导线			
1.5 mm² 铜芯护套线			

表 7.1.3　导线连接的记录

导线种类	导线规格	连接方式	线头长度	绞合圈数	密缠长度	线头连接工艺要求
单股芯线		直连				
单股芯线		T 形连接				
7 股芯线		直连				
7 股芯线		T 形连接				

3. 实验注意事项

（1）使用电工刀时应注意安全。
（2）剖削导线绝缘层时不能损伤线芯。

4. 实验考核标准（表 7.1.4）

表 7.1.4　实验考核标准

考核项目	配分	评分标准	扣分	得分
绝缘导线剖削	30	（1）导线剖削方法不正确，每根扣 5 分 （2）导线损伤，刀伤或钳伤每根扣 5 分 （3）多股线芯有剪断现象，每根扣 10 分		
导线连接	40	（1）缠绕方法不正确，每根扣 10 分 （2）缠绕不整齐不紧密，每根扣 5 分 （3）接头不美观，每根扣 5 分 （4）接头机械强度不够，每根扣 5 分		
绝缘恢复	30	（1）包缠方法不正确，每根扣 10 分 （2）包缠不紧密，每根扣 5 分		
安全文明操作		（1）违反操作规程，每次扣 5 分 （2）工作场地不整洁，扣 5 分		
得分				

7股铜芯线直接连接时为什么要钳平切口毛刺？

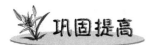

1. 填空题

（1）剥线钳在使用时应根据不同的_____来选择剥线钳不同的刃口，否则会造成_____被剪断。
（2）导线连接的基本要求是_____，_____，_____和_____。
（3）单股铜芯线的直接连接有_____法和_____法。
（4）导线绝缘层的恢复通常采用_____法。

2. 判断题

（1）测电笔在使用过程中，手指必须接触它的金属部分，才能构成回路。（   ）
（2）用电工刀剖削电线时，刀口应朝外操作，且应放平一点。（   ）
（3）7股铜芯线的直接连接要钳平切口毛刺。（   ）
（4）导线封端在电工工艺上铜导线与铝导线是不同的。（   ）
（5）导线绝缘层的恢复通常要求直接点的机械拉力不能小于原导线机械拉力的80%。
（   ）

3. 简答题

（1）试述导线连接的工艺要求。
（2）导线绝缘层剖削的方法有哪些？如何操作？
（3）试述导线线头的连接方法。

第2步 荧光灯的安装

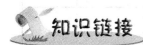

1. 荧光灯的组成

荧光灯主要由灯管、镇流器、启辉器等部分组成。
（1）灯管：灯管是一根 15～40.5 mm 直径的玻璃管，在灯管内壁上涂有荧光粉，灯管两端各有一根灯丝。管内充有一定量的氩气和少量水银，氩气有帮助灯管点燃并保护灯丝，延长灯管使用寿命的作用。

（2）镇流器：镇流器是具有铁芯的电感线圈，它有两个作用：在启动时与启辉器配合，产生瞬时高压点燃灯管；在工作时利用串联于电路中的高电抗限制灯管电流，延长灯管使用寿命。

镇流器的选用必须与灯管配套。即灯管瓦数必须与镇流器配套的标称瓦数相同。

（3）启辉器：又叫启动器，俗称跳泡。由氖气、纸介电容、引线脚和铝质或塑料外壳组成。氖泡内有一个固定的静止触片和一个双金属片制成的倒 U 形触片。双金属片由两种膨胀系数差别很大的金属薄片黏合而成，动触片与静触片平时分开，其结构如图 7.1.18 所示，纸介电容的作用有两个，一是与镇流器线圈组成 LC 振荡回路，能延长灯丝预热时间和维持脉冲放电电压；二是能吸收干扰电子设备的杂波信号。如果电容被击穿，则去掉后氖泡仍可使灯管正常发光，但失去吸收干扰杂波的性能。

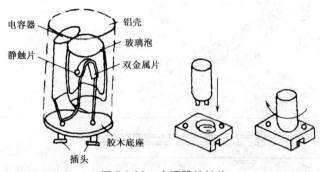

图 7.1.18 启辉器的结构

（4）灯座：荧光灯通常用一对绝缘灯座将其支撑在灯架上。灯座有开启式和插入式两种，开启式灯座有大型和小型之分，如 6 W、8 W、12 W、13 W 等的细灯管用小型灯座，15 W 以上的灯管用大型灯座。

（5）灯架：灯架用来装置灯座、灯管、启辉器、镇流器等荧光灯零部件，有木制、铁皮制、铝皮制等几种。其规格应配合灯管长度、数量和光照方向选用。灯架长度应比灯管稍长。反光面应涂白色或银色油漆，以增强光线反射。

2. 荧光灯的工作原理

荧光灯的工作分为两个过程。

第一，启辉过程。合上开关瞬时，启辉器动、静触片处于断开位置，镇流器处于空载，电源电压几乎全部加在启辉器氖泡动、静触片之间，使其发生辉光放电而逐渐发热，U 形双金属片受热后，由于两种金属膨胀系数不同发生膨胀伸展而与静触片接触，将电路接通，构成荧光灯启辉状态的电流回路，电流流过镇流器和两端灯丝，灯丝被加热而发射电子，启辉器动、静触片接触后，辉光放电消失，触片温度下降而恢复断开位置，将启辉器电路分断，此时镇流器线圈中由于电流突然中断，在电感作用下产生较高的自感电动势，出现瞬时脉冲高压，它和电源电压叠加后加在灯管两端，导致管内惰性气体电离发生弧光放电，使管内温度升高，液态水银汽化游离，游离的水银分子剧烈运动撞击惰性气体分子的机会急剧增加，引起水银蒸气弧光放电，辐射出紫外线，紫外线激发管壁上的荧光粉而发出日光色的可见光。

第二，工作过程。灯管启辉后，管内电阻下降，荧光灯管回路电流增加，镇流器两端电压降跟着增大，有的要大于电源电压的 1.5 倍以上，加在氖泡两端电压大为降低，不足以引起辉光放电，启辉器保持断开状态而不起作用，电流由管内气体导电而形成回路，灯管进入工作状态。

3. 荧光灯的安装步骤与方法（表 7.1.5）

表 7.1.5　荧光灯的安装步骤与方法

名称	图　示	操　作　方　法
灯架的组装	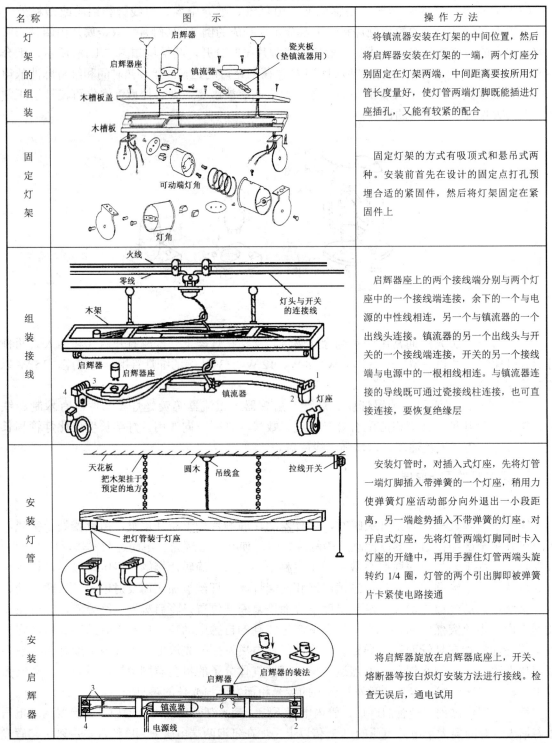	将镇流器安装在灯架的中间位置，然后将启辉器安装在灯架的一端，两个灯座分别固定在灯架两端，中间距离要按所用灯管长度量好，使灯管两端灯脚既能插进灯座插孔，又能有较紧的配合
固定灯架		固定灯架的方式有吸顶式和悬吊式两种。安装前首先在设计的固定点打孔预埋合适的紧固件，然后将灯架固定在紧固件上
组装接线		启辉器座上的两个接线端分别与两个灯座中的一个接线端连接，余下的一个与电源的中性线相连，另一个与镇流器的一个出线头连接。镇流器的另一个出线头与开关的一个接线端连接，开关的另一个接线端与电源中的一根相线相连。与镇流器连接的导线既可通过瓷接线柱连接，也可直接连接，要恢复绝缘层
安装灯管		安装灯管时，对插入式灯座，先将灯管一端灯脚插入带弹簧的一个灯座，稍用力使弹簧灯座活动部向外退出一小段距离，另一端趁势插入不带弹簧的灯座。对开启式灯座，先将灯管两端灯脚同时卡入灯座的开缝中，再用手握住灯管两端头旋转约 1/4 圈，灯管的两个引出脚即被弹簧片卡紧使电路接通
安装启辉器		将启辉器旋放在启辉器底座上，开关、熔断器等按白炽灯安装方法进行接线。检查无误后，通电试用

4. 荧光灯电路的故障排除（见表7.1.6）

表 7.1.6　荧光灯电路的故障排除

故障现象	原　因	排 除 方 法
荧光灯灯管不能发光	(1) 灯座或启辉器底座接触不良 (2) 灯丝断开或灯管漏气 (3) 镇流器内部线圈开路 (4) 电源电压太低	(1) 转动灯管，使灯管四极和灯座四夹座接触，使启辉器两极与底座二铜片接触，找出原因并修复 (2) 用万用表检查确认灯管是否坏，更换新管 (3) 修理或调换镇流器 (4) 不必修理
荧光灯抖动或两头发光	(1) 接线错误或灯座灯脚松动 (2) 启辉器氖泡内动、静触片不能分开或电容器击穿 (3) 镇流器配用规格不合适或接头松动 (4) 灯光陈旧 (5) 电源电压过低	(1) 检查线路或修理灯座 (2) 将启辉器取下，用两把螺丝刀的金属头分别触及启辉器底座两块铜片，然后将两根金属杆相碰并立即分开。如灯管能跳亮，则是启辉器坏了，更换 (3) 调换适当镇流器或加固接头 (4) 调换灯管 (5) 如有条件升高电压
灯管两端发黑或生黑斑	(1) 灯管陈旧 (2) 若是新灯管，可能因启辉器损坏使灯丝发射物质加速挥发	(1) 调换灯管 (2) 调换启辉器
灯光闪烁或光在管内滚动	(1) 新灯管暂时现象 (2) 灯管质量不好 (3) 镇流器配用规格不符或接线松动 (4) 启辉器损坏或接触不好	(1) 开用几次或对调灯管两端 (2) 换一根灯管试一试有无闪烁 (3) 调换合适的镇流器或加固接线 (4) 调换启辉器或加固启辉器
灯管光度减低或色彩转差	(1) 灯管陈旧 (2) 灯管上积垢太多 (3) 电源电压太低 (4) 气温过低或冷风直吹灯管	(1) 调换灯管 (2) 清除积垢 (3) 调整电压 (4) 加防护罩或避开冷风
灯管寿命短或发光后立即熄灭	(1) 镇流器配用规格不合；镇流器内部线圈短路，导致灯管电压过高 (2) 受到剧振，使丝振断 (3) 新灯管因接线错误将灯管烧坏	(1) 调换或修理镇流器 (2) 调换安装位置或更换灯管 (3) 检修线路
镇流器有杂音或电磁声	(1) 镇流器质量较差或其铁芯的硅钢片松动 (2) 镇流器过载或内部短路 (3) 镇流器受热过度 (4) 电源电压过高引起镇流器发出声音 (5) 启辉器不好引起开启辉光杂音 (6) 镇流器有微弱声，但影响不大	(1) 调换镇流器 (2) 调换镇流器 (3) 检查受热原因 (4) 如有条件设法降压 (5) 调换启辉器 (6) 属正常现象。可用橡皮垫衬，以减小振动
镇流器过热或冒烟	(1) 电源电压过高，或容量过低 (2) 镇流器内线圈短路 (3) 灯管闪烁时间长或使用时间太长	(1) 有条件可调低电压或更换容量较大的镇流器 (2) 调换镇流器 (3) 检查闪烁原因或减少连续使用的时间

手脑并用

荧光灯电路的安装与故障排除

荧光灯电路的安装主要是以电感式镇流器单管电路为例,其安装接线原理图如图 7.1.19 所示,在安装过程中,主要是以灯架的组装、灯架的固定、组装接线、安装灯管和安装启辉器为主,掌握其安装步骤和工艺要求;而荧光灯电路的故障排除主要是能够了解几种常见故障产生的原因并能快速地检修,如灯管完全不发光、荧光灯抖动或发光后立即熄灭、镇流器有杂音或电磁声、镇流器过热或冒烟等现象。

1. 实验准备

通用电工工具、万用表、灯架、荧光灯管、灯座、镇流器、启辉器、单联拉线开关、熔断器、BVV 塑料护套线、铝片线卡及挂线盒。

2. 实验内容与步骤

(1)组装灯架;
(2)固定灯架;
(3)组装接线;
(4)安装灯管;
(5)安装启辉器;
(6)填写表 7.1.7。

表 7.1.7　荧光灯电路实验表格

材料规格	灯　管			镇流器			灯　架(cm)			安 装 位 置			
	功率(W)	长度(m)	直径(mm)	灯丝电阻(Ω)	配用功率(W)	工作电压(V)	线圈电阻(Ω)	长度	宽度	厚度	镇流器	启辉器	灯座距离(cm)	灯具高度(cm)
安装步骤								安装接线图						

(7)在现场,完成荧光灯电路的检修工作,并将检查结果填入表 7.1.8 中。

表 7.1.8　故障排除

故 障 现 象	检 修 方 法	达 成 效 果

(8)具有无功补偿电路的接法如图 7.1.20 所示。
(9)故障排除。

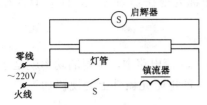
图 7.1.19 荧光灯电路的安装
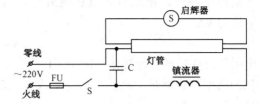
图 7.1.20 荧光灯电路的安装（无功补偿）

3．实验注意事项

（1）安装电气元器件之前应该先检查质量好坏，并养成习惯。
（2）注意安装工艺要求和操作规范。
（3）注意安全用电。

4．实验考核标准（表 7.1.9）

表 7.1.9　实验考核标准

考核项目	配分	评分标准	扣分	得分
布置器件位置	10	（1）不能识图扣 10 分 （2）开关未接在相线上扣 5 分		
布线安装	40	（1）导线敷设未达工艺要求，每处扣 5 分 （2）电气元件安装不端正每处扣 5 分 （3）线卡分布尺寸不规范，每处扣 10 分 （4）相线未进开关或接错每处扣 10 分		
试灯及线路质量	40	（1）一次试灯不成功扣 10 分 （2）发生线路故障扣 20 分 （3）线路不美观不整齐扣 10 分		
安全与文明生产	10	违反有关规定，酌情从重扣分情节严重者取消考试资格		
考试时间 90 min		最多超时 15 min，并酌情扣分		
得分				

头脑风暴

若是安装电子整流器如何接线？它与电感式镇流器有何区别？

第 3 步　交流电路的功率

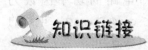

1．基本概念

在交流电路中，功率关系变得很复杂，其原因就在于电压和电流之间的相位差。

在交流电路中,电压有效值和电流有效值的乘积被称为视在功率(S),即看似存在的功率,单位为 VA。

$$S = UI$$

电阻元器件是耗能元器件,在 R、L、C 元器件组成的交流电路中,电阻的功率就是电路实际损耗的功率,也就是电路的平均功率或有功功率(P),即电阻元器件上的视在功率和有功功率相等,单位为 W。

电感和电容是储能元器件,它们在交流电路中并不损耗能量,所以电容和电感上的功率是无功功率(Q),即储能元器件的视在功率和无功功率相等,单位为 Var。

某交流电路电压和电流的相位差为ϕ,则电路的有功功率和无功功率分别为

$$P = UI\cos\phi$$
$$Q = UI\sin\phi$$

有功功率、无功功率和视在功率间的关系为:

$$S^2 = P^2 + Q^2$$

由于交流电路中只有电阻元器件才消耗能量,因此用有功功率和视在功率的比值来表示电源的利用率,称为功率因数,即

$$\lambda = \frac{P}{S} = \cos\phi$$

负载的功率因数过低,对电力系统不利。

(1)负载的功率因数过低,使电源设备的容量不能充分利用。例如,一台额定容量为 60 kVA 的单相变压器,假定它在额定电压、额定电流下运行,在负载的功率因数为 1 时,它传输的有功功率是 60 kW,它的容量得到充分的利用。当负载的功率因数为 0.8 时,它传输的有功功率降低为 48 kW,容量的利用率较差。若功率因数为 0.6,传输的有功功率为 36 kW,容量利用得更不充分。

(2)在一定电压下向负载输送一定的有功功率时,负载功率因数越低,通过输电线路的电流就越大($P = UI\cos\phi$),输电线路的电能损耗越大。功率因数是电力经济中的一个重要指标。因此,有时需要提高电路的功率因数。

2. 提高功率因数的意义和方法

(1)提高功率因数的意义有两个,一是提高电源的利用率,二是降低输电线路上的损失。

(2)提高功率因数的方法是在感性负载两端并联适当电容(并联电容补偿法)。

在图 7.1.21(a)中,没有并联电容之前,电路的功率因数为 $\cos\phi_1$,ϕ_1 为感性负载的阻抗角。并联一个适当的电容后,由图 7.1.21(b)可知,即电路的功率因数为 $\cos\phi_2$,且 $\phi_2 < \phi_1$,因此 $\cos\phi_2 > \cos\phi_1$,电路的功率因数得到了提高。并联适当的电容容量是:

$$C = \frac{P}{U^2\omega}(\tan\phi_1 - \tan\phi_2)$$

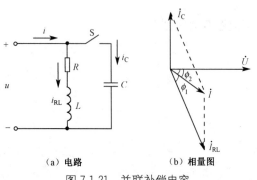

(a)电路　　　(b)相量图

图 7.1.21　并联补偿电容

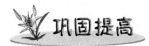 **巩固提高**

1. 填空题

（1）有功功率是指＿＿＿＿＿＿＿＿＿＿＿＿＿＿＿＿＿＿＿＿＿＿＿＿，单位为＿＿＿＿＿＿＿；
  无功功率是指＿＿＿＿＿＿＿＿＿＿＿＿＿＿＿＿＿＿＿＿＿＿＿＿，单位为＿＿＿＿＿＿＿；
  视在功率是指＿＿＿＿＿＿＿＿＿＿＿＿＿＿＿＿＿＿＿＿＿＿＿＿，单位为＿＿＿＿＿＿＿；
  三者之间关系＿＿＿＿＿＿＿＿＿＿＿＿＿＿＿＿＿＿。
（2）功率因数是指＿＿＿＿＿＿＿＿＿＿＿＿＿＿＿＿＿＿＿＿＿＿＿＿＿＿＿。

2. 判断题

（1）无功功率和有功功率的单位相同，都是瓦特（W）。　　　　　　　　（　　）
（2）在荧光灯两端并联一个适当的电容可以提高荧光灯的功率因素。　　（　　）

3. 问答题

（1）试述荧光灯的安装工艺要求及步骤。
（2）荧光灯通电后完全不亮，可能是由哪些原因造成的？怎样检查故障点？

4. 计算题

一盏"220 V、40 W"的荧光灯（工频）正常工作时，灯管两端的电压为 110 V，问：（1）应配备的镇流器（纯电感）的电感量是多大？此时电路的功率因数是多大？（2）若要将功率因数提高到 0.866，应并联多大的电容器？

项目 2　配电线路的安装

学习目标

- ◇ 能正确识读配电箱电路图
- ◇ 会安装简易配电箱及功能测试

工作任务

- ◇ 能按照操作规范完成导线、线管的铺设，线管的连接，线管与配电箱的连接
- ◇ 进一步熟悉电工工具的使用方法
- ◇ 能进行简单的室内配线并熟悉槽板、线管、护套线的安装工艺要求

第1步 配电板（箱）电路的识读

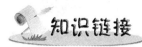

配电装置知识

将各种配电设备及电器元器件按照一定的接线方案组合而成的配电装置叫开关柜或配电盘。按结构形式可分为屏、台和箱式。按电压等级可分为高压配电装置和低压配电装置。这里只介绍低压配电装置。

低压配电箱的组成：低压配电箱适用于 500 V，额定电流 1500 A 及以下的三相交流系统，可分为低压动力配电箱和低压照明配电箱。低压照明配电箱主要是由断路器、刀开关、转换开关和熔断器等组成。常用动力配电箱型号有 XL、XL(F)和 XL(R)系列。低压照明配电箱有 XM 和 XM(R)系列。其中，X 表示低压，L 表示动力用，M 表示照明用，R 表示嵌入式，F 表示封闭式。

第2步 简易配电板（箱）的安装与测试

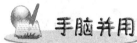

1. 配电箱元器件定位的基本要求

（1）电度表放置在面板的上方，横向安装的配电板电度表放置左侧。
（2）各回路的开关及熔断器要相互对应，放置的位置要便于操作和维护。
（3）垂直装设的开关、熔断器和其他电器上端接电源，下端接负载，横装电器左侧接电源，右侧接负载。
（4）面板上元器件的分布应均匀、整齐、美观。
（5）对于各元器件排列的间距，电度表之间的间距不应小于 60 mm，开关、熔断器等之间的间距不应小于 30 mm，各元器件距面板四周边缘的距离不应小于 50 mm，元器件的出口线之间的距离、与面板四周边缘的距离不应小于 30 mm。各元器件的位置确定后，标出元器件安装孔和出线孔的定位标志。

2. 常用低压电器的安装

1）低压隔离开关（刀开关）的安装
（1）刀开关应垂直安装，并注意静触点在上，动触点在下。
（2）接线时注意电源进线应接在开关上面的进线端子上，负载出线接在开关下面的出线端子上，保证开关分断后，在闸刀和熔体上不带电。
（3）操作手柄要装正，螺母要拧紧。将手柄放到合闸位置。

(4) 先打开刀开关，再慢慢合上，检查三相是否同时合上，如不同时则予以调整，试合 3～4 次，直到三相基本一致，最后拧紧固定螺母。

2) 低压空气断路器的安装

(1) 低压空气断路器应垂直安装。

(2) 电源进线应接在断路器的上母线上，而负载出线则应接在下母线上。

(3) 注意开合位置，"合"在上，"分"在下，操作力不应过大。

3) 低压熔断器的安装

(1) 安装低压熔断器时应将熔体和夹头及夹头和夹座之间接触良好。

(2) 插入式直接安装，进行螺旋式安装时，应将电源进线接在瓷底座的下接线端上，出线应接在螺纹壳的上接线端上。

(3) 安装熔丝时，应将熔丝顺时针方向弯曲，压在垫圈下，以保证接触良好。

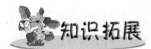

1. 漏电保护器的安装要点

漏电保护器又称触电保安器或漏电开关，是用来防止人身触电和设备事故的主要技术装置。在连接电源与用电设备的线路中，当线路或用电设备对地产生的漏电电流到达一定数值时，通过保护器内的互感器检取漏电信号并经过放大去驱动开关而达到断开电源的目的，从而避免人身触电伤亡和设备损坏事故的发生。

安装要点：①安装时必须严格区分中性线和保护线，三相四线制的中性线应接入漏电保护器。经过漏电保护器的中性线不得作为保护线，不得重复接地或接设备的外露可导电部分；保护线不得接入漏电保护器。②应垂直安装，倾斜度不得超过 5°，电源进线必须接在漏电保护器的上方；出线应接在下方。③安装漏电保护器以后，被保护设备的金属外壳仍应采用保护接地或保护接零。

2. 电工仪表的使用

1) 兆欧表的使用

兆欧表又称摇表。它有 3 个接线端子，线路是"L"端子，接地是"E"端子，屏蔽是"G"端子，这三个端子按照测量的对象不同分别来选择。它的用途很广泛，既可以测量高电阻，又可以测量电气设备和电气线路的绝缘程度。兆欧表的外形如图 7.2.1 所示。下面以用兆欧表测量电动机绝缘程度为例来介绍它的使用方法。

(1) 兆欧表使用前的准备。

① 使用前应平稳放置，以免在摇动手柄时，因表身抖动和倾斜产生测量误差。

② 使用前应做开路实验。先将兆欧表的两接线端分开，再摇动手柄。正常时兆欧表指针应指在"∞"处，如图 7.2.2 所示。

③ 使用前应做短路实验。先将兆欧表的两接线端接触，再摇动手柄。正常时兆欧表的指针应指在"0"处，如图 7.2.3 所示。

 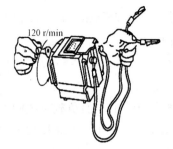 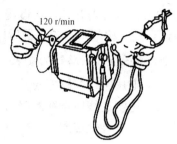

图 7.2.1　兆欧表外形　　　图 7.2.2　兆欧表开路　　　图 7.2.3　兆欧表短路

（2）兆欧表使用过程中。

① 测量电动机的对地绝缘性能。先用单股导线将"L"端和电动机的待测部位连接，"E"端接电动机的外壳，然后进行摇测。若指针指向零，则电动机线圈或设备绝缘损坏；若指针指向无穷，则表明线圈或设备与外壳绝缘良好。如图 7.2.4 所示。

② 测量电动机绕组间的绝缘性能。先用单股导线将"L"端和"E"端分别接在电动机两绕组的接线端，然后进行摇测。若指针指向零，则电动机线圈通路；若指针指向无穷，则表明线圈已断开，如图 7.2.5 所示。

（3）兆欧表使用后。

兆欧表使用后应将"L"端和"E"两导线短接，对它进行放电工作，以免引起触电事故。如图 7.2.6 所示。

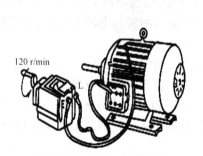 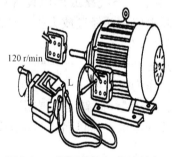 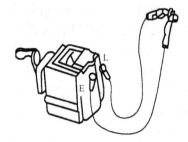

图 7.2.4　测量对地绝缘性　　　图 7.2.5　测量绕组间绝缘性能　　　图 7.2.6　兆欧表放电

2）电度表的使用

单相电度表又称火表，常见的有 1 A、2 A、3 A、4 A、5 A、10 A、20 A 等，它是用来记录用户一段时间内消耗电能多少的仪表。它的主要部分是两个电磁铁、一个铝盘和一套计数机构。电磁铁的一个线圈匝数多、线径小，与电路的用电器并联，叫电压线圈；另一个线圈匝数少、线径大，与电路的用电器串联，叫电流线圈。铝盘在电磁铁中因电磁感应而产生感应电流，从而在磁场力的作用下旋转，带动计数机构在电度表的面板上显示读数。

（1）单相电度表的读数。

电度表面板上方有一个长方形的窗口，窗口内装有机械式计数器，右起最后一位数字为十分位小数，在它左边，从右到左依次是个位、十位、百位和千位，如图 7.2.7 所示。电度表装好以后应记下原有的底数，用做计量起点。

图 7.2.7　单相电度表的读数

(2) 电度表的安装和使用要求。

① 电度表必须严格垂直装设,保证其工作的准确性,若有倾斜,会发生计数不准或停走等故障。

② 接入电度表的导线中间不应有接头。接线时接线盒内螺钉应拧紧,不能松动,以免接触不良,引起桩头发热而烧坏。配线应整齐美观,尽量避免交叉。

③ 电度表在额定电压下,当电流线圈无电流通过时,铝盘的转动不超过一转,功率消耗不超过 1.5 W。根据实践经验,一般 5 A 的单相电度表无电流通过时每月耗电不到 1 度。

④ 电度表装好后,打开电灯,电能表的铝盘应从左向右转动。若铝盘从右向左转动,说明接线错误,应把相线(火线)的进出线调接一下。

⑤ 单相电度表的选用应与用电器总功率相适应。在 220 V 电压的情况下,根据公式 $P = UI\cos\phi$ 可以算出不同规格的电度表可装用电器的最大功率。

⑥ 电度表在使用时,电路不允许短路及过载(不超过额定电流的 125%)。

(3) 单相电度表的接入方式。

一般家庭用电量不大,电度表可直接接在线路上,单相电度表接线盒里共有 4 个接线桩,从左至右按 1、2、3、4 编号。直接接线方法有两种,一是编号 1、3 接进线(1 接火线,3 接零线),2、4 接出线(2 接火线,4 接零线),如图 7.2.8 所示。二是编号 1、2 接进线(1 接火线,2 接零线),3、4 接出线(3 接火线,4 接零线)。由于有些电度表的接线方法特殊,在具体接线时应以电度表接线盒内侧的线路为准。

3) 功率表的使用

功率表是用来测量电路的功率的仪表。通常在测量三相交流电路的功率时,对三相四线制电路可用三只单相交流功率表;对于三相三线制电路,则可用两只单相交流功率表或一只三相交流功率表。如图 7.2.9 所示是三相交流功率表测量三相三线制电路功率的接线图。

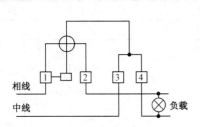

图 7.2.8 单相电度表接入方式

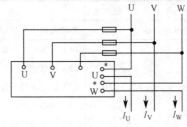

图 7.2.9 三相交流功率表测量三相三线制电路功率

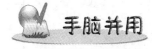

配电箱安装与测试

1. 实验准备

电能表、熔断器、自动空气开关、配电箱、2.5 mm² 和 1.5 mm² 铜芯塑料线若干、钢凿、铁锤、螺丝刀、电工刀、木螺钉、塑料绝缘带、黑胶布、号码管、接线条和验电笔。

2. 实验内容与步骤

（1）根据实际情况配置 4～5 个回路，即空调回路、照明回路、厨房间回路、卫生间回路和精密电器回路，如图 7.2.10 所示。

（2）合理设计布局，绘出接线图。

（3）选择合适的导线（空调回路一般选用 2.5 mm^2 以上为宜，其他可用 1.5 mm^2 或以上）。

（4）安装单相电度表。首先是表身的固定，然后是电度表总线的连接，最后是电度表出线的连接。

（5）安装自动空气开关并进行接线。

（6）安装熔断器并进行接线。

（7）检查线路、通电实验。

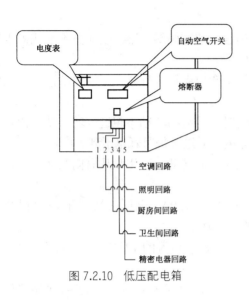

图 7.2.10 低压配电箱

3. 实验注意事项

（1）配电箱的高度距地面不低于 2 m。
（2）各支路用电量要进行测算，选择合适的熔断器和空气开关。
（3）进行导线敷设时，导线的规格应满足支路的用电量。
（4）配电箱应有接地装置，并做良好连接。

4. 实验考核标准（表 7.2.1）

表 7.2.1 考核配分及评分标准

考核项目	配分	评分标准	扣分	得分
布置元器件位置	10	线路布局不合理扣 10 分		
布线安装	50	（1）元器件安装顺序有错扣 10 分 （2）电度表固定不牢固、平直扣 10 分 （3）总线出线安装不符合要求扣 10 分 （4）总熔丝盒接线不符合要求扣 10 分 （5）线卡分布尺寸不规范，每处扣 5 分		
线路质量	30	（1）发生线路故障扣 20 分 （2）线路不美观不整齐扣 10 分		
安全与文明生产	10	违反有关规定，酌情从重扣分情节严重者取消考试资格		
考试时间可自定		最多超时 15 min，并酌情扣分		
得分				

（1）如何进行配电箱的调试？
（2）若要安装漏电保护器应如何设计？

巩固提高

1．填空题

（1）低压配电箱适用于电压为_____，额定电流为_____及以下的三相交流系统。

（2）低压照明配电箱主要是由_____、_____、_____和_____组成。

（3）安装木制配电板时，电度表通常放在面板的_____，横向安装时应放在_____侧。

（4）螺旋式熔断器安装时，应将电源进线接在瓷底座的_____，出线应接在螺纹壳的_____。

（5）安装熔丝时，应将熔丝_____方向弯曲，压在垫圈下，以保证接触良好。

2．判断题

（1）安装漏电保护器时必须严格区分中性线和保护线，三相四线制的中性线应接入漏电保护器。（　　）

（2）兆欧表又称摇表，它有 3 个接线端子，线路是"L"端子，接地是"G"端子，屏蔽是"E"端子，这三个端子按照测量的对象不同分别来选择。（　　）

（3）兆欧表使用后应对它进行放电工作，以免引起触电事故。（　　）

（4）电度表在使用时，电路不允许短路及过载（不得超过额定电流的125%）。（　　）

3．问答题

（1）试述配电箱元器件安装的工艺要求和线路敷设工艺要求。

（2）试述兆欧表、电度表和功率表的使用方法及注意事项。

参 考 文 献

[1] 王家元. 电工基础实验与实训[M]. 北京：电子工业出版社，2008.
[2] 李传珊. 电工基础[M]. 北京：电子工业出版社，2009.
[3] 陈学平等. 电工技术基础与技能实训教程[M]. 北京：电子工业出版社，2006.
[4] 马永祥. 电工技术基础[M]. 北京：电子工业出版社，2008.
[5] 沈国良. 电工基础[M]. 北京：电子工业出版社，2008.
[6] 韩广兴. 电工基础技能学用速成[M]. 北京：电子工业出版社，2009.
[7] 覃小珍. 电工基础[M]. 北京：电子工业出版社，2009.
[8] 周德仁. 电工基础实验[M]. 北京：电子工业出版社，2007.
[9] 李贤温. 电工基础与技能[M]. 北京：电子工业出版社，2006.
[10] 杨亚平. 电工技能与实训[M]. 北京：电子工业出版社，2008.
[11] 周绍敏. 电工基础[M]. 北京：高等教育出版社，2006.
[12] 刘克军. 电工电路制作与调试[M]. 北京：电子工业出版社，2007.
[13] 杨利军. 电工基础[M]. 北京：高等教育出版社，2007.
[14] 孔晓华. 新编电工技术项目教程[M]. 北京：电子工业出版社，2007.
[15] 刘涛. 电工技能训练[M]. 北京：电子工业出版社，2002.